1+X 职业技术·职业资格培训教材

美容师

四级

第3版

主　编　董元明

副主编　刘利明

编　者　周　典　于　亮　冀黎平　宋秀玲

主　审　程　敏　张文英　汪　霞

审　稿　张晓燕　殷秋华

中国劳动社会保障出版社

图书在版编目（CIP）数据

美容师：四级/人力资源和社会保障部教材办公室等组织编写. —3 版. —北京：中国劳动社会保障出版社，2014

1＋X 职业技术·职业资格培训教材

ISBN 978-7-5167-1415-7

Ⅰ.①美…　Ⅱ.①人…　Ⅲ.①美容-技术培训-教材　Ⅳ.①TS974.1

中国版本图书馆 CIP 数据核字（2014）第 281322 号

中国劳动社会保障出版社出版发行

（北京市惠新东街 1 号　邮政编码：100029）

*

北京市白帆印务有限公司印刷装订　　　新华书店经销

787 毫米×1092 毫米　16 开本　8.5 印张　8.5 彩色印张　293 千字

2014 年 12 月第 3 版　　2021 年 1 月第 5 次印刷

定价：54.00 元

读者服务部电话：（010）64929211/84209101/64921644

营销中心电话：（010）64962347

出版社网址：http://www.class.com.cn

内 容 简 介

　　本教材由人力资源和社会保障部教材办公室、中国就业培训技术指导中心上海分中心、上海市职业技能鉴定中心依据上海1＋X美容师（四级）职业技能鉴定细目组织编写。教材从强化培养操作技能、掌握实用技术的角度出发，较好地体现了当前最新的实用知识与操作技术，对于提高从业人员基本素质、掌握美容师的核心知识与技能有直接的帮助和指导作用。

　　本教材在编写中根据本职业的工作特点，以能力培养为根本出发点，采用模块化的编写方式。全书共分为9章，内容包括美容师职业常识、接待与咨询服务、美容医学常识、美容化妆品知识、美容仪器、护理美容、修饰美容、化妆造型、美容院常用英语等。

　　本教材可作为美容师（四级）职业技能培训与鉴定考核教材，也可供全国中、高等职业院校相关专业师生参考使用，以及本职业从业人员培训使用。

改 版 说 明

《1＋X职业技术·职业资格培训教材——美容师（中级）第2版》自2010年出版以来，受到广大学员和从业者的欢迎，在美容师职业技能培训和资格鉴定考试过程中发挥了巨大作用。

然而，随着美容行业的迅速发展，美容从业人员需要掌握的职业技能有了新的要求，原有美容师职业技能培训和资格鉴定考试的理论及技能操作题库也进行了相应提升。为此，人力资源和社会保障部教材办公室、中国就业培训技术指导中心上海分中心与上海市职业技能鉴定中心组织相关方面的专家和技术人员，依据最新的美容师职业技能鉴定细目对教材进行了改版，使之更好地适应社会的发展和行业的需要，更好地为广大学员参加培训和从业人员提升技能服务。

第3版教材以美容行业的发展为导向，适应时尚创新和市场流行的需求，围绕四级美容师应知应会培训大纲，根据教学和技能培训的实践及鉴定细目表，在原教材基础上进行了修改。

为保持本套教材的延续性，顾及原有读者的层次，新版教材在结构安排上尊重了原教材，但对废旧知识进行了更新和删除，对旧标准相关的技术内容进行了修订，同时补充了一些较为新颖的内容，更换了一些新的美容化妆图片，使教材内容更广更新，更具有实用性，在操作技能方面也紧扣技能鉴定考核要求。

本教材在编写过程中，部分插图绘制由蒋玉环完成，照片由郭峰老师拍摄、上海中医药大学提供场地支持。在此，对以上单位和个人提供的热情帮助表示衷心的感谢。

因时间仓促，教材中的不足和疏漏之处在所难免，欢迎读者及业内同人批评指正。

前　言

　　职业培训制度的积极推进，尤其是职业资格证书制度的推行，为广大劳动者系统地学习相关职业的知识和技能，提高就业能力、工作能力和职业转换能力提供了可能，同时也为企业选择适应生产需要的合格劳动者提供了依据。

　　随着我国科学技术的飞速发展和产业结构的不断调整，各种新兴职业应运而生，传统职业中也愈来愈多、愈来愈快地融进了各种新知识、新技术和新工艺。因此，加快培养合格的、适应现代化建设要求的高技能人才就显得尤为迫切。近年来，上海市在加快高技能人才建设方面进行了有益的探索，积累了丰富而宝贵的经验。为优化人力资源结构，加快高技能人才队伍建设，上海市人力资源和社会保障局在提升职业标准、完善技能鉴定方面做了积极的探索和尝试，推出了1＋X培训与鉴定模式。1＋X中的1代表国家职业标准，X是为适应经济发展的需要，对职业的部分知识和技能要求进行的扩充和更新。随着经济发展和技术进步，X将不断被赋予新的内涵，不断得到深化和提升。

　　上海市1＋X培训与鉴定模式，得到了国家人力资源和社会保障部的支持和肯定。为配合1＋X培训与鉴定的需要，人力资源和社会保障部教材办公室、中国就业培训技术指导中心上海分中心、上海市职业技能鉴定中心联合组织有关方面的专家、技术人员共同编写了职业技术·职业资格培训系列教材。

　　职业技术·职业资格培训教材严格按照1＋X鉴定考核细目进行编写，教材内容充分反映了当前从事职业活动所需要的核心知识与技能，较好地体现了适用性、先进性与前瞻性。聘请编写1＋X鉴定考核细目的专家，以及相关行业的专家参与教材的编审工作，保证了教材内容的科学性及与鉴定考核细目以及题库的紧密衔接。

职业技术·职业资格培训教材突出了适应职业技能培训的特色，使读者通过学习与培训，不仅有助于通过鉴定考核，而且能够有针对性地进行系统学习，真正掌握本职业的核心技术与操作技能，从而实现从懂得了什么到会做什么的飞跃。

职业技术·职业资格培训教材立足于国家职业标准，也可为全国其他省市开展新职业、新技术职业培训和鉴定考核，以及高技能人才培养提供借鉴或参考。

新教材的编写是一项探索性工作，由于时间紧迫，不足之处在所难免，欢迎各使用单位及个人对教材提出宝贵意见和建议，以便教材修订时补充更正。

人力资源和社会保障部教材办公室

中国就业培训技术指导中心上海分中心

上 海 市 职 业 技 能 鉴 定 中 心

目　录

第1章

美容师职业常识

学习单元 1　美容师的基本职业素养

【学习目标】

1. 了解美容师的健康心理概念和标志。
2. 了解美容师应有的气质与风度。
3. 掌握美容师的仪表要求。

【知识要求】

美容工作是集技术性、服务性、艺术性等特性于一体的工作，美容师应具备与其行业特点相适应的基本素质，这是美容师从事美容工作的前提，也是美容服务高质量的保证。因此，不断加强职业素养的培养是十分必要的，美容师的基本素质要求是随着美容业的不断发展而改变的。美容师的基本职业素养应包括健康的身体和心理、高超的技术、优雅的气质和风度等。

一、美容师的健康心理

1. 健康心理的概念

世界卫生组织对健康的定义为"健康是一种身体上、精神上和社会适应上的完好状态，而不是没有疾病及虚弱现象"。世界卫生组织对健康的定义打破了传统的对健康的理解，它包含了三个基本要素：躯体健康、心理健康、具有社会适应能力。其中，具有社会适应能力是国际上公认的心理健康的首要标准。

2. 健康心理的标志

目前，健康的观念逐渐由生物医学模式转向生物—心理—社会医学模式，一个健康的人既要有健康的身体，还应有健康的心理和社会适应状态。因此，世界卫生组织提出了衡量个体健康的十项具体标准：

（1）有充沛的精力，能从容不迫地应付日常生活和工作的压力，而不感到过分紧张和疲劳。

(2) 处事乐观，态度积极，乐于承担责任，事无大小，不挑剔。

(3) 善于休息，睡眠良好。

(4) 应变能力强，能适应外界环境的各种变化。

(5) 能够抵抗一般性感冒和传染病。

(6) 体重适当，身体匀称，站立时头、肩、臂位置协调。

(7) 眼睛明亮，反应敏捷，眼睑不易发炎。

(8) 牙齿清洁，无龋齿，不疼痛；牙龈颜色正常，无出血现象。

(9) 头发有光泽，无头屑。

(10) 肌肉丰满，皮肤有弹性，走路感到轻松。

心理健康有广义和狭义之分：广义的心理健康是指一种高效而满意的、持续的心理状态；狭义的心理健康是指人的基本心理活动的过程与内容完整协调一致，即认知、情感、意志、行为、人格完整和协调。

美国心理健康协会提出二十六条心理健康标准：

(1) 经常感到快慰、舒适。

(2) 不为恐惧、愤怒、爱、妒忌、罪恶或者忧愁等情绪所捆绑。

(3) 坦然接受不如意的事。

(4) 以容忍、开放的心胸，面对自己、面对他人，必要时，还能自我解嘲。

(5) 不高估或低估自己的能力。

(6) 能接受自己的缺失。

(7) 保持高度的自尊心。

(8) 善于处理所面临的各种情境。

(9) 能从每日生活的点点滴滴中汲取生活乐趣。

(10) 经常感受人际关系的乐趣。

(11) 经常关怀他人，热爱他人。

(12) 拥有永久的、非常良好的友谊。

(13) 相信别人，由衷地喜欢别人，也渴望人家爱自己、信任自己。

(14) 尊重别人的思想与意念，尽管这些思想与意念与自己有些分歧。

(15) 不强迫他人接受自己的意见，也不随便接受别人的看法。

(16) 乐于参与各种团体的活动。

(17) 对左邻右舍，甚至所接触的任何人，都具有高度的责任心。

(18) 胜任并愉快地面对生活中的各种需求。

(19) 能自行处理所有的问题。

(20) 勇于负责。

(21) 尽可能谋求与环境的良好相处。

(22) 乐于接受新经验与新观念。

(23) 能充分运用自己的天赋。

(24) 能确立合理的人生目标。

(25) 能自我思索、自我抉择。

(26) 能全力投入工作。

美容师要求身体和心理健康,非健康心理势必不能胜任美容师的工作,非健康心理见表1—1。

表 1—1   非健康心理状态表

非健康心理	心理状态
忧郁	闷闷不乐,愁眉苦脸,沉默寡言
狭隘	心胸狭窄,斤斤计较,不能接纳与自己不同的观点
嫉妒	与他人比较,发现自己在才能、名誉、地位或境遇等方面不如别人而产生羞愧、愤怒、怨恨、冷漠、贬低、排斥、敌视的心理状态,甚至采取打击、中伤等手段来发泄内心的嫉妒
惊恐	对环境和某些事物感到害怕,如怕针、怕暗、怕水等。轻者会出现心悸、手抖、出汗等现象;重者会出现失眠、梦中惊叫等现象
残暴	因为一点小事就愤怒无比,采取暴力的手段向别人发泄
敏感	神经过敏,多疑,常常把别人无意中说的话及不相干的动作看作是对自己的轻视或嘲笑,并为此而喜怒无常,情绪变化很大
自卑	对自己缺乏信心,认为自己各方面都不如别人,常常否定自己。自卑的心态使人压抑,影响一个人对事物的正确判断,同时也影响一个人的社会交往状态

作为一名职业美容师,身心合一的健康是事业成功的基础,美容师要学会运用心理科学保持自己的心理健康,能够在工作中以平和的心态、愉快的心情面对每一位顾客,只有这样才能为顾客提供高质量的功能服务和心理服务。

二、美容师的气质与风度

1. 气质的概念

气质是人的个性心理特征之一,是人典型的、稳定的心理特点,是在人的认识、情感、言语、行动中，心理活动发生时力量的强弱、变化的快慢和均衡程度等稳定的动力特征。具体表现为人的心理活动的速度、稳定性、心理承受力、情绪反应等。

气质是在人的生理素质的基础上，通过生活实践，在后天条件影响下形成的，并受到人的世界观和性格等的控制。它的特点一般是通过人们处理问题及人与人之间的相互交往显示出来的，从某种意义来讲，气质体现了每个人的性格类型。例如，性格开朗的人往往表现出聪慧的气质；性格温文尔雅的人往往表现出高雅的气质；性格直爽、豪放的人往往表现出粗犷的气质；性格温和、风度端庄的人气质则多表现为恬静。

2. 气质的分类

依据人的不同气质特征变化，古希腊著名医生希波克拉特提出了四种体液的气质学说，即多血质（活泼型）、胆汁质（兴奋型）、黏液质（安静型）、抑郁质（抑制型），见表1—2。

表1—2　　　　　　　　　　　不同气质类型的具体表现表

气质类型	具体表现
多血质	灵活机智、思想敏锐、善于交际、适应性强、活泼好动、情感外露、富于创造精神，但往往粗心大意、情绪多变、富于幻想、生活散漫、缺乏忍耐力和毅力。其心理活动特点是具有很强的灵活性，容易适应环境的变化
胆汁质	精力旺盛、行动迅速、易于激动、性情直率、进取心强、大胆倔强、敏捷果断，但自制力差、性情急躁、主观任性、易于冲动、办事粗心、有时会刚愎自用。其心理活动特点是兴奋性极高而不均衡，带有迅速而突变的色彩
黏液质	坚定顽强、沉着踏实、耐心谨慎、自信心足、自制力强、善于克制忍让、生活有规律、心境平和、沉默少语，但往往不够灵活、固执拘谨、因循守旧。心理活动特点是安静、均衡
抑郁质	对事物敏感、做事谨慎细心、感受能力强、沉静含蓄、办事稳妥可靠、感情深沉持久，但遇事往往缺乏果断和信心，多疑、孤僻、拘谨、自卑。心理活动特点是迟缓内倾

3. 美容师的气质

气质最能直接显示一个人的风格、气度，最能表现一个人的外在美与内在美。作为一名美容师，在工作和生活中会遇到很多困难或不愉快的事情，这就要求美容师能够控制，以积极乐观的态度面对生活，及时调整自己的情绪，以最饱满的精神状态为顾客服务。在与顾客交流时眼脑并用，理性分析顾客的心理，同时能够用自己的幽默感制造轻松愉悦的氛围。美容师的气质表现见表1—3。

表 1-3 美容师的气质表现表

美容师的气质	具体表现
积极乐观	专业美容师应保持积极乐观的工作和生活态度，善于排解烦恼，不能把负面情绪带到工作中来，永远以饱满的热情面对顾客
微笑服务	一个真挚的微笑可以拉近谈话双方的距离，美容师应以热情、亲切的态度为顾客服务，并善于发现他人的优点加以真诚的赞美，当遇到顾客投诉时更应该以微笑服务避免冲突
思维敏捷	眼脑并用，察言观色，理性分析顾客的消费心理
具有幽默感	一名优秀的美容师要培养幽默感，具备用幽默的话语缓解、调节气氛的能力

4. 美容师的风度

风度是一个人德、才、学识诸方面修养的外在表现，是人的行为和接人待物的一种美好的举止姿态。典雅的风度主要包括清晰、悦耳的声音，亲切、高雅的谈吐，优美、协调的姿态，美观、合理的着装及端庄、朴实的举止。人的良好风度是可以通过持之以恒的学习、培养和训练获得的。

（1）站姿。正确的站姿表现为表情自然、双目平视、颈部挺直、微收下颌，需要挺胸、直腰、收腹，臀部肌肉上提，两臂自然下垂，双肩放松稍向后，双腿并拢，双脚成"丁"字形站立。规范的站姿给人以优雅大方的良好印象。相反，如果美容师在为顾客服务时松垮懒散，甚至做出把手插进衣服口袋或抱着胳膊、倒背着手等姿势，不仅有失端庄，还会给顾客留下很不好的印象。

（2）坐姿。坐下时背部挺直，双腿并拢，双手交叉放在腿上，两肩略向后收，头部略向前倾，目光平视，保持优雅坐姿。夏天穿裙装时，两脚上下交叉也可。在接待顾客过程中切忌跷二郎腿、抖腿。

（3）行姿。美容师走路要挺胸、抬头、收腹、两眼平视，双臂前后自然摆动，幅度不可太大，步伐稳健，两脚尽量踏在一条直线上，走"一字步"，以显示女性的优雅。在工作场所美容师不可垂头走路或急速奔跑，不可着意扭动臀部，更不可勾肩搭背走路，遇到顾客要主动让路。

（4）蹲姿。在地上拾物时，美容师应走近物体，一脚后退一步，下蹲拾起物体。不可有弯腰撅臀或在下蹲时双脚叉开等不雅动作出现。

（5）手势。美容师在迎接顾客时双手自然下垂，掌心向内，叠放或相握于腹前；在引领顾客时将右手或左手抬至一定高度，五指并拢，掌心向上，手掌平面与地面成45度角，手掌与手臂成直线，以肘部为轴，朝一定方向伸出手臂，同时身体腰部以上略向前倾，以示尊重。

（6）表情。笑容是面部表情的核心，亲切的笑容能拉近人与人之间的距离，能有效地促进沟通。美容师要训练亲切、温和的微笑，而不是过于职业化地笑，也不可夸张、过火地笑，要以发自内心的微笑表示对顾客的敬意。不可把个人的悲观情绪带到工作中来，影响美容师的服务质量。眼神是最具表现力的一种体态语言，在与顾客交流时要注意平视顾客的双眼，全神贯注地倾听，不时地点头示意，表示赞同及理解对方的观点。长时间交谈可注视对方面部其他部位，以免显得尴尬。当为多人进行服务时，美容师通常还有必要巧妙地运用眼神，对每一位服务对象予以兼顾，给予每一位服务对象以适当注视，使其不会产生被忽略、被冷落的感觉。

5. 美容师的修养

修养是指一个人在理论、知识、艺术、思想等方面所达到的一定的水平及正确的待人处事态度，具体可表现为美容师的个人修养和职业修养。

美容师的个人修养主要表现在道德修养、理论修养、技艺修养、思想修养四个方面，见表1—4。

表 1—4 美容师的修养表现表

内容	主要表现
道德修养	在服务工作中，要自觉地培养自己的职业道德，树立良好的服务意识，对待工作主动热情、耐心细致。把"顾客至上，信誉第一"的服务宗旨付诸行动，自觉地将高尚的道德转化为美容师的行为准则
理论修养	美容师必须了解、掌握与本职工作有关的理论知识，关注国际美容业发展的新动态和新趋势，不断更新美容知识，提高审美情趣和审美鉴赏力
技艺修养	美容师要在技艺上精益求精，不断进取，掌握科学、熟练的技术，善于学习古今中外的美容知识，取其精华，去其糟粕，扩大视野，提高技术水平
思想修养	美容师需要具备高度的责任感和使命感，用自己的诚心、爱心和技术实力耐心周到地为顾客服务，重视服务质量，让顾客高兴而来，满意而归

美容师良好的气质、风度和修养是可以通过学习、培养和训练获得的，贵在不断进取，持之以恒。

三、美容师的仪表

专业美容师在长期的美容工作中要取得顾客的信任与认可，除了要有精湛的技术外，仪表在其中起着非常重要的作用。

美容师的仪表是对美容师在服务中的精神面貌、容貌修饰及着装服饰等方面的要求与规范。

1. 美容师的形象设计

美容师的形象设计主要包括仪容设计、服饰设计、仪态设计、语言与表情、内在气质几个方面，见表1—5。

表 1—5 美容师的形象设计内容表

形象设计项目	项目包含内容
仪容设计	妆容、发型、发式、指甲等
服饰设计	制服、鞋袜、饰品等
仪态设计	站姿、坐姿、行姿等举止姿态
语言与表情	说话的语调、语速、眼神等
内在气质	乐观、自信等精神面貌

每一位美容师在工作期间，应根据美容工作岗位的需要和美容院的规定进行合理形象设计，精致的妆容、合适的着装、佩饰等可以使美容师的妆容与服饰形成一种和谐的整体美，既能展现个人的优雅气质，也能展现美容院的整体风貌。

2. 美容师的服饰着装

目前，大多数美容院会给工作人员配发统一的制服，根据季节的不同，制服的款式、颜色、质地也会不同，美容师要根据公司的要求统一服装，特别是季节更替之际，制服变换要同步，不可以随意变更。

美容师的着装主要包括服饰、佩饰、鞋袜等，见表1—6。

表 1—6 美容师的着装表

美容师着装	要求
服饰	制服须整洁干净，没有褶皱，不可有污渍和异味。按照公司要求的位置佩戴署有美容师姓名和编号的胸卡 非工作日不可穿制服外出，工作期间不可穿制服外出就餐
佩饰	美容师在工作期间不可佩戴戒指、手表等佩饰，佩戴的项链、耳钉等也要尽量选择小巧、简单的款式
鞋	如公司有规定或统一配发，须按照公司要求统一鞋袜。如无统一，咨询师宜穿黑色浅口皮鞋，中跟或坡跟为宜；护理师须穿软底布鞋，工作期间切忌穿旅游鞋、拖鞋等
袜	丝袜以肉色为宜，棉袜尽量选择黑色或白色无卡通、无彩纹的款式

3. 美容师的专业形象

美容师的专业形象十分重要。美好的形象能给顾客留下深刻的印象，也直接影响美容院的整体形象和经济效益。因此，美容师的专业形象必须规范化。专业形象内容详见表1—7。

表 1—7　　　　　　　　　　　美容师专业形象规范表

整体形象内容	形象规范要求
发型	发式：长发要盘起，短发须梳理整齐，如有碎发请用发蜡或发卡固定整齐 发色：发色近黑色，自然为主。不宜有太明显的染色 刘海：长度不得超过眉毛，过眉的刘海要束起 发饰：通常公司会统一发饰，如无统一发饰，尽量选用黑色、简单的发饰
妆容	美容师的妆容以自然、清新、精致为主
着装	统一着装，要求干净整洁、大方得体
指甲	甲油：无甲油或透明甲油，不得做美甲 长度：指甲必须修剪整洁，长度不可超过指腹 卫生：指甲内无污物，平时注意指甲的保养，保持指甲的健康、光滑
语言	美容师要善于了解顾客的心理，迎合顾客的兴趣，学习运用悦耳的声音、亲切的语调，选择愉快的话题等谈话技巧，这是赢得顾客的重要因素之一
姿态	美容师在服务工作中要努力做到举止优雅，文明礼貌，培养正确的姿势，体现自身的修养
个人卫生	工作期间不宜食用异味食物，以保持口气清新。为避免产生体味，工作期间不要喷洒任何香水。注意头发卫生，做到无油、无头屑

学习单元 2　美容院的制度

【学习目标】

1. 掌握美容院员工管理制度、顾客管理制度、日常管理制度和产品管理制度。
2. 熟悉美容院后勤管理制度和财务管理制度。

【知识要求】

美容师在美容院中可以施展自己的专业技能和技术，获得薪资报酬，更能得到进一步提高。但是如果只是一味强调个体，不遵循美容院的规章制度，即使自身专业素养再高，也不能与美容院的团体融洽相处，更不用说保障自己的经济利益。因此，一个合格称职的美容师必须了解及遵守美容院的各项规章制度。

一、美容院的规章制度

为了保证美容院的各种工作顺利进行，美容院应该根据自己的具体情况，制定一系列完整制度，如美容院员工管理制度、美容院后勤管理制度、美容院顾客管理制度、美容院财务管理制度等（见图1—1）。同时应以文字形式加以落实，最好是制定员工手册，让所有员工学习并掌握各项规章制度，并将规章制度作为个人的行为准则及美容院日常检查工作的依据。

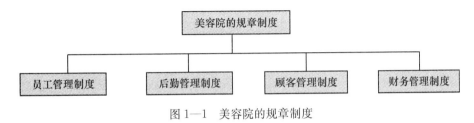

图1—1　美容院的规章制度

1. 美容院员工管理制度

合理的作息时间和严格的考勤制度是美容院正常运作的前提和保障，遵守劳动纪律是规范工作的基础，也是确定员工薪金和福利待遇的依据。

（1）员工考勤制度。美容院员工考勤制度是每个美容师都必须遵守的制度，详见表1—8。

表 1—8　　　　　　　　　　　　　员工考勤制度参考表

作息时间	考勤制度
美容院实行五天或六天工作制。早班工作时间为10：00—18：00；晚班工作时间为14：00—22：00	员工须按规定于上班及下班时签到或打卡 员工如果需要进行外勤工作，应经主管同意 月累计迟到30分钟，扣罚当月全勤奖 考勤登记卡以亲自打卡或签名为准 旷工一天扣当天工资，超过三次以上按自动离职处理

（2）员工日常礼仪制度。员工日常礼仪制度主要包括仪表礼仪、仪态礼仪、表情礼仪、言谈礼仪、行为礼仪等几个主要方面，详见表1—9。

表 1—9 员工日常礼仪制度参考表

日常礼仪	要求
仪表礼仪	上班必须穿制服，佩戴工作牌，服装整洁 淡妆上岗，注意个人卫生
仪态礼仪	保证上班时精神饱满 礼貌、热情地接待顾客 站姿、坐姿、走姿、手势等符合仪态标准
表情礼仪	对每位顾客都要保持微笑 在为顾客服务时态度亲切
言谈礼仪	声调要自然、清晰、柔和，彬彬有礼 说话要注意艺术，多用专业术语
行为礼仪	不得与顾客发生争执和辩论 员工之间团结合作 上班时间不打私人电话 未经批准不得擅自离岗，保证顾客随叫随到

（3）奖励与福利制度。奖励制度和福利制度是调动员工工作积极性的重要手段，合理的奖励制度和福利制度也是保证员工职业稳定性的重要措施，主要内容见表1—10。

表 1—10 奖励与福利制度参考表

奖励制度	福利制度
全勤奖：一个月内迟到不超过30分钟，没有任何请假（病假、事假），给予全勤奖 奖励金：一个月没有顾客投诉，没有违反美容院的规章制度的，给予奖励金 销售奖：每月销售额超过×万元（包括×万元），奖励销售额的××%的奖金 冠军奖：每月销售额最多的员工可获销售冠军奖 不定期奖：美容院每年制定促销活动，每次将会提供一些奖项	年假：经试用期后的员工第一年可享有三天的年假，第二年可享有五天的年假，第三年可享有七天的年假 免费护理：员工每月可享有×次的美容护理 购买产品优惠：员工购买公司经营的产品可享有×折优惠

2. 美容院后勤管理制度

（1）值班制度

1）记录当班没有完成需要下一班完成的事项。

2）检查设施设备的情况。

3）查看当天顾客预定情况、上级下达的指示和本岗位发生的各种意外情况和处理结果。

4）员工用餐时应轮换就餐，保证有人在岗。

5）下班前 10 分钟进行工作检查、物品清点，为下班交接做好准备。

6）交接班各岗位当面交接清楚，对交接的各项事宜认真对待，不得漏办。

7）记工作日记，总结工作的质量、自身的优点和缺点。

（2）美容院营业制度。严格遵守美容院营业制度是美容院有条不紊地完成日常工作的基础，下面将列举员工出勤情况统计办法（见表 1—11）、仪容仪表考评办法（见表 1—12）、员工排班表（见表 1—13）、不同岗位的每日工作流程和接待顾客流程（见表 1—14 至表 1—17）。

1）员工出勤状况统计表

表 1—11　　　　　　　　　　员工出勤情况统计表

月份：　　　　　　　　　　部门：

工号	姓名	正常出勤	迟到	早退	加班	缺勤					
						事假	病假	年假	婚假	产假	其他
......											

2）员工仪容仪表考评表

表 1—12　　　　　　　　　　员工仪容仪表考评表

工号	姓名	工作服	工号牌	妆容	发型	站姿	坐姿	走姿	表情	态度	个人卫生
......											

3）员工排班表

表 1—13　　　　　　　　　　员工排班表

部门：　　　　　　　　　　　　　　　　　　　　　_____年___月

工号	姓名	职务	1	2	3	......	29	30	31
......									

4）咨询师每日工作流程表

表 1—14   咨询师每日工作流程表

营业时间段	考核参考制度
营业前	提前半小时到岗，更换工作制服，整理仪容仪表，保持良好的精神面貌 由店长主持每天例会 查阅前班人员的当班日志，进行工作分配 咨询师清点存货，填写补货申请及领取货品，盘点现金，整理档案，查看当日护理预约表 检查卫生、仪器等常规工作 打开店门，开始营业
营业中	做会员的咨询服务工作 电话咨询 做好入店者接待工作 协调调配工作 做好日常资料管理，如销售额记录、消费疗程记录、赠品记录、预约表、调配表确认等 处理好工作中的突发事件 管理音乐、香熏、室内外照明等
营业后	统计一天的营业额，清点现金 数据上传 盘点库存，清点现金，对销售业绩、耗材进行登记 检查护理师使用仪器情况、护理间卫生，清点洗涤物品，将一天资料登记归类 填写每日当班记录，详细记录第二天需要交办的紧急工作事项。检查店内水源、电源安全，关灯锁门

5）咨询师接待顾客流程

表 1—15   咨询师接待顾客流程表

护理过程	工作内容
护理前	迎接顾客，问好，招呼坐下，敬茶 咨询、分析顾客的皮肤及身体状况，根据每位顾客的情况介绍并设计疗程和产品 开疗程单 分配护理师
护理中	客人护理中，护理师与客人及时保持沟通
护理后	护理后听取客人反馈意见 消费推荐与消费巩固 预约下次护理时间 送客

6）美容师每日工作流程表

表 1—16　　　　　　　　　　　　　　美容师每日工作流程表

营业时间段	考核参考制度
营业前	提前半小时到岗，更换工作制服，整理仪容仪表，保持良好的精神面貌 由店长主持每天例会 检查仪器情况 整理护理室 检查敷料等物品 查阅当日会员预约记录
营业中	做会员护理服务工作 与咨询师一起设计预约会员的疗程组合 介绍各类项目的护理，同时介绍产品的功能步骤和搭配疗程 推荐适合客人的其他护理项目，同时推荐家居护理的产品和方法 按照一对一服务原则，护理期间不得离开客人，如需离开要向客人说明原因方可离开，但时间不能长
营业后	检查仪器使用情况 负责护理间卫生，包括清理垃圾废物及物品清洁消毒 协助清点洗涤物品，做好记录

7）美容师接待顾客流程

表 1—17　　　　　　　　　　　　　　美容师接待顾客流程表

护理过程	工作内容
护理前	在客人来之前开好空调、灯光、音乐，铺好床，准备好所需的毛巾，打开蒸面机预热 向顾客问好，主动打招呼，做自我介绍，引导顾客换拖鞋 引导顾客进入护理间，介绍护理间内设施的功能及正确使用方法，提醒顾客注意安全，让顾客更衣并提醒其妥善保管随身贵重物品 领取护理产品
护理中	待顾客更衣完毕后，进入护理室，根据疗程单开始护理，在护理过程中介绍产品的功能、步骤及家居护理方法，在护理过程中有问题及时与店长及咨询师沟通
护理后	护理结束，请顾客起床，请顾客更衣 更衣结束，将顾客送至休息区，与顾客道别

（3）卫生管理制度。营业场所卫生实行"三清洁"制度，即班前小清洁、班中清洁和班后大清洁。另外，分区域负责清洁，做到每天检查、每周清理、每月大扫除。美容院卫生管理制度参考表见表 1—18。

表 1—18 　　　　　　　　　　美容院卫生管理制度参考表

日清洁制度	月清洁制度
清理地毯、沙发等软家具 硬地面的打扫和湿拖 清理营业场所的所有设施，除去灰尘和蜘蛛网 对各类美容用具进行每日消毒 使营业场所所有摆设干净、明亮、整洁美观，室内空气随时保持清新 做好灭蚊、灭蟑螂、灭老鼠工作，定期喷洒药物 掌握消毒柜的使用和清理方法 对员工更衣室进行紫外线消毒 主管每天必须对所管理区域的卫生负有最后责任。尤其要注意花草植物及挂图、宣传品的摆放	营业区域卫生清理包括美容用品、用具、产品设备、地板、按摩床、沙发、茶几、玻璃，各种毛巾要分开洗晒、消毒 每星期一次大扫除包括空调风扇页、吊顶、床罩、沙发套、床柜、窗帘、床底、沙发 每月一次室外清理包括门面外、窗外走廊、电线、煤气管、水管等

3. 美容院顾客管理制度

目前，由于市场竞争压力增加，美容企业对于顾客管理越来越重视，也越来越细化，顾客管理不仅包括客户资料的收集、整理和存档，更要建立完善的客户档案管理系统和客户管理规程，通过严格、细致的客户档案管理，能够与美容顾客建立长期稳定的业务联系，提高美容院营销效率，扩大市场占有率。

顾客档案管理的内容复杂，归纳起来大体由以下三方面构成，见表 1—19。

表 1—19 　　　　　　　　　　顾客管理内容表

顾客资料	顾客特征	交易活动
顾客的姓名、地址、工作、电话、身份证号码、性格、爱好、家庭、学历、年龄、能力等方面	皮肤性质、身高、体重、工作时间、工作环境、有无病史、月经周期、服药情况、运动习惯等	顾客是否在本公司消费过，消费的项目、金额；顾客未来消费的可能性分析；顾客信用状况、以往出现的信用问题等

目前，美容院对顾客的皮肤状况和身体状况的资料记录越来越详细，以便更好地为顾客服务。顾客情况咨询表见表 1—20。

表 1—20 　　　　　　　　　　顾客情况咨询表

个人资料

姓名：_____　　年龄：_____　职业：_____　身高：_____　　体重：_____

电话：_____　　住址：_____

婚姻状况：□未婚　　　　□已婚未育　　　　□已婚已育

生活习惯

| 平均睡眠： | 时至 | 时 | □充足 | □不充足 | □多梦 |

运动场所：□室内 □室外

运动量：□多 □少 □基本无

| 排汗量：运动后 □多 □少 | 常态下 □多 □少 |

饮食习惯

进食速度：□快 □普通 □慢

喜爱味道：□甜 □酸 □苦 □辣 □咸 □其他

油炸食品：□无 □少 □普通 □牛油 □植物油 □动物油

偏　　食：□无 □有/偏爱吃 □肉类 □蔬菜类 □淀粉类 □其他

嗜好品：□香烟：每日＿＿支 □咖啡：每日＿＿杯 □酒：每日＿＿杯 □其他＿＿＿＿＿

健康食品：□无 □有（习惯性/不习惯性）摄取，请列出：1. ＿＿＿＿＿ 2. ＿＿＿＿＿

健康状况

敏感：□无 □有：皮肤敏感（□轻微 □严重） 药物敏感（□轻微 □严重）

月经生理：□顺调 □不顺调 □轻微痛经 □剧痛 □量多 □量少

曾服、擦药物：□无 □有：请列出：□祛斑 □祛痘 □过敏

减肥经历：□无 □有：减肥方法：1. ＿＿＿＿＿ 2. ＿＿＿＿＿ 3. ＿＿＿＿＿

目前身体状况：□贫血 □便秘 □肠胃疾病 □糖尿病 □心脏病 □高血压 □易疲劳
　　　　　　　□易紧张 □易烦躁 □易感冒 □其他

职业状况

工作内容：□办公室工作 □需要室内及室外 □出差

工作环境：空气污染程度 □良好 □普通 □恶劣 □非常恶劣 □中央空调

工作压力：□很少 □普通 □非常大

面部皮肤护理

皮肤干燥的症状：□紧绷感 □粗糙感 □脱皮屑 □其他

皮肤干燥的季节：□换季 □秋天 □冬天 □春天 □夏天

在美容院接受面部皮肤护理经验：□偶尔性 □周期性 □曾做过特效护理

居家保养习惯：□怕油腻 □怕麻烦 □怕营养不足 □怕干燥 □其他＿＿＿＿＿

填表日期：＿＿＿＿年＿＿月＿＿日

4. 美容院财务管理制度

（1）美容企业财务管理制的意义。首先，美容企业在日常的经营中加强资金的管理，能使有限的资金最大限度地在企业运转中发挥作用；其次，加强财务管理可以及

时发现并纠正企业经营中存在的问题；最后，企业可以通过加强财务管理减少浪费、合理安排降低成本、提高效益。为了加强美容院的财务工作，发挥财务工作在美容院经营管理和提高经济效益中的作用，必须制定美容院的财务管理制度。而美容院财务管理人员的职能就是建立、健全财务管理的各种规章制度，编制财务计划，加强经营核算管理，反映、分析财务计划的执行情况，检查监督财务纪律。

（2）财务收支管理制度。财务收支管理制度主要包括生产性开支、固定资产购置、差旅费的开支、劳动工资的支付、其他开支等内容，见表1—21。

表1—21　　　　　　　　　　　美容院财务收支管理制度参考表

财务开支	管理制度
生产性开支	在满足美容院提供美容服务的正常需要及库存合理的前提下，产品采购人员根据"请购单"和主管审批的用款计划，购买产品
固定资产购置	固定资产购置需要由有关人员提出申请，主管审批后由产品采购人员统一购买
差旅费的开支	由于工作需要经批准到外地开会、学习及授课的，根据美容院差旅开支的有关规定，出差回来后一周内凭发票、经主管签名核实后报财务管理人员报销
劳动工资的支付	按照劳动合同的有关规定，按期发放员工的工资
其他开支	财产保险、广告费用、税金、水电费、电话费等费用的支付，由主管审批，财务管理人员办理

（3）财务盘点制度。财务盘点制度主要包括盘点范围、盘点方式、注意事项等几项内容，见表1—22。

表1—22　　　　　　　　　　　财务盘点制度参考表

盘点范围	化妆品：属于每日需盘点的对象，如洗面奶、化妆水、润肤乳等
	固定资产：一次购入即可长期使用，只需每年盘点一次，如空调、美容仪器、床铺、凳椅等
	消耗品：属于辅助美容服务，不需盘点，如办公用纸、笔、纱布、棉花、卫生纸等
	现金、票据、租赁契约等
盘点方式	年中、年终盘点
	月末盘点
	不定期抽点
注意事项	财务管理人员拟订盘点计划表，主管批准后，签发通知，在一定期限内办理盘点工作
	现金、存款等项目除年中、年终盘点外，店长至少每月抽查一次
	现金、存款等项目盘点，应于盘点当日下班末行收支前或当日下午结账后办理
	存货盘点以当月最末的一天及次月1日进行为原则

二、美容院的日常管理制度

美容院的日常管理制度一般是根据不同院（店）的实际情况制定，其内容涵盖了美容院日常经营中所有的制度。需要做到以下几条：

1. 严格执行考勤制度。
2. 严格执行员工日常礼仪制度。
3. 严格执行卫生清洁制度。
4. 严格执行产品管理制度。
5. 严格执行顾客资料管理制度。
6. 严格执行日报、周报、月报制度。
7. 严格执行交接班制度。
8. 各个岗位工作人员严格执行岗位工作流程。
9. 服从工作安排，工作积极主动。
10. 不能因为任何原因与顾客发生争执，有情况及时反馈给店长。
11. 员工之间互相关心照顾、团结合作。
12. 节约用水、用电及护理产品，爱护美容院内设备。
13. 不擅自离岗，上班时间不接私人电话。
14. 不断通过学习提高个人的理论知识及技能水平。
15. 微笑服务，不断提高服务质量。
16. 不做任何有损美容院形象的事情。

三、美容院的产品管理制度

产品管理的内容主要包括产品分类、产品管理流程、产品库存管理和滞销产品管理等几项内容，见表1—23至表1—26。

1. 产品分类

表1—23　　　　　　　　　　　美容院产品分类表

种类	产品	管理方式
化妆品	洗面奶、化妆水、营养霜、按摩膏等	每日盘点
固定资产	美容仪器、美容床、空调等	每年盘点
消耗品	纱布、棉片、消毒棉、棉签等	不需盘点

2. 产品管理流程

表 1—24   产品管理流程表

流程	要求
采购	填写产品请购单 采购人员汇总需采购的产品名称、规格、数量、需求日期、价格等 交由主管核实 进行采购
入库	产品验收合格后，开具入库单，入库时注意清点产品，分类摆放，填写产品登记表
领用及退回	凭产品申领单领用产品，申领单需有店长签字 没有用完的产品应当天退回仓库，由管理人员对退库产品进行检验，质量完好的接受退回，并进行登记
盘点	无论是日盘点产品还是年盘点产品，盘点后都需填写产品盘点报告表，如盘点的产品数量、规格与记录表上的不符，由产品管理人员负责
滞销产品统计	统计产品管理人员每月统计滞销产品

3. 产品库存表

表 1—25   产品库存表

编号	产品名称	月初数量	月入库数	月出库数	月末数量	单价	库存金额
产品系列一							
……							
产品系列二							
……							
合计							

制表人：   日期：

4. 滞销产品表

表 1—26　　　　　　　　　　滞销产品表

编号	产品名称	规格	购进数量	库存数量	销售天数	周转率	处理意见
……							

产品管理员：　　　　　　　　经理：　　　　　　　　　　日期：

学习单元 3　美容院的简易成本核算

【学习目标】

1. 熟悉美容院用品的成本分析与计算。

2. 了解美容院可参考的财务管理公式。

【知识要求】

专业的美容师除了要有基本的职业素养，了解及遵守美容院的规章制度外，还应掌握美容院的简易成本核算，以便在工作中节约成本，创造更大的经济效益。

一、美容用品成本与售价

产品定价的方法是根据成本费用、市场需求和竞争状况等因素进行的。具体包含以下几种定价方法：

1. 加成定价法

美容用品的售价 = 变动成本（消耗物品成本）＋ 平均分摊的固定成本 ＋ 毛利率

2. 损益平衡定价法

损益平衡定价法是指在既定的固定成本、变动成本的条件下，确保美容院收支平衡的美容用品销售额。

3. 目标贡献定价法

目标贡献定价法是以单位变动成本为定价基本依据，加入单位产品贡献，形成产品售价。

4. 通行价格定价法

通行价格定价法是指产品价格与同行竞争者产品平均价格保持一致。

5. 主动竞争定价法

主动竞争定价法是指根据本企业产品的实际情况及与竞争对手的产品差异状况来

确定价格。

6. 理解价值定价法

理解价值定价法是指根据消费者对美容用品的品牌、品质、知名度等方面的认识进行定价。

二、美容院成本分析

成本是指企业在生产经营过程中发生的各种耗费或支出。经营成本是指经营收入和经营支出，经营收入主要包括服务项目的营业收入、产品销售、会员卡销售。美容院经营支出主要包括可变成本和固定成本，见表1—27。

表1—27   可变成本和固定成本表

可变成本	固定成本
1. 产品成本：如美容皮肤护理、身体护理过程中使用的化妆品、护肤品等 2. 员工工资：所有在岗人员的工资 3. 宣传成本：各种形式的广告、现场宣传等 4. 办公用品：如打印纸、文具等 5. 行政管理费：税费等 6. 运营成本：水电费、电话费等 7. 其他	1. 房租 2. 仪器设备折旧费 3. 其他

三、美容用品成本的百分率计算公式

营业额：营业额＝固定成本＋变动成本＋盈利

美容用品成本的百分率计算公式

$$美容用品成本百分率＝\frac{当月（日）美容用品成本}{当月（日）营业额}×100\%$$

四、美容院可参考到的财务管理公式

1. 回收期＝开店资金/每月营业净利

例如，开店资金为30万元，每月营业净利为5.6万元，则回收期为300 000/56 000＝5.583，即约6个月才能收回成本。

2. 方效＝每月经营额/店面平方数；劳动效率＝每月经营额/员工人数

例如，每月营业额为5.6万元，店面面积为30平方米，则其方效为56 000/30＝1 866，即平均每平方米要达到1 866元的营业额，才能取得经济效益。

第2章
接待与咨询服务

学习单元 1　顾客心理学

【学习目标】

1. 熟悉顾客的一般心理过程。
2. 熟悉顾客的个性心理，掌握顾客的消费观念。
3. 能对常见顾客心理进行分类和分析、应对。

【知识要求】

一、心理学简介

心理学（psychology）是研究心理现象及其活动规律的科学，广义的心理学既研究人的心理，又研究动物的心理，但以人的心理现象为主要的研究对象。人类从有文明史以来就开始了对心理的探索，古希腊著名哲学家苏格拉底说："人生最宝贵的知识就是认识自己。"但在一个较长时期内，心理学一直从属于哲学范畴，直到 1879 年，哲学家和生理学家冯特在德国莱比锡建立了世界上第一个心理学实验室，以此为标志，心理学才成为一门独立的科学。

1. 心理过程和人格

人的心理现象一般分为心理过程和人格两方面。

（1）心理过程。心理过程是指在客观事物的作用下，在一定时间内人脑反映客观现实的过程。它包括认识过程、情感过程和意志过程。认识过程是最基本的心理过程，是一系列心理活动的基础，包括感觉、知觉、记忆、思维、想象。

（2）人格。人格是指一个人整个的心理面貌，是具有一定倾向性的比较稳定的心理特征的总和，包括需要、动机、理想、兴趣、能力、气质、性格等。人格的原意是指戏剧舞台上扮演角色时所戴的面具，用以代表剧中人物的身份，表现其心理特点。心理学上沿用这一概念和含义，指每个人在人生舞台上同时扮演多种社会关系的角色，每一种角色都有一定的规范和要求，即他们之间有共性和独特性。

心理过程和人格是心理现象的两个不同方面，两者既有区别，又相互联系、相互制约。一方面，人格是通过心理过程形成的，没有对客观事物的认识，就没有对客观事物产生的情绪反应，没有对客观事物积极改造的意志过程，就无法形成个性心理；另一方面，已形成的人格又可以制约心理过程，对心理过程产生个性化的影响。

2. 美容心理学

美容心理学是以心理学特别是医学心理学为基础，以美容业为实践领域的一门应用心理学分支学科。广义的美容心理学包括人们在爱美、求美、创造美的过程中的一切心理活动。人们装扮细嫩精致容颜、锻炼匀称健美身形、追求时尚新颖造型以及通过整形改善缺陷和提高自身文化修养等都属于美容心理。狭义的美容心理学是美容工作者根据求美者的心理，运用美容心理学的理论和实践对求美者进行心理调适、心理诊断、心理治疗和护理的过程。

二、顾客的一般心理过程

1. 顾客的认知过程

认知过程是最基本的心理过程，是一系列心理活动的基础，包括感觉、知觉、记忆、思维等心理活动。

（1）顾客的感觉。感觉是客观事物直接作用于感官而在头脑中产生的对事物个别属性的认识。顾客对美容场所的感觉是最为直接的感受，主要通过美容院的色彩、色调、陈设、音乐、气味、温度及服务人员的表情、语调、肢体动作等进行感觉。感觉虽然是最简单的心理现象，但它是顾客对美容院的第一印象，是形成感受的基础，因此具有重要的意义。良好的美容环境和服务礼仪可以带给顾客美的感觉，使其产生感觉适应，并且各种感觉刺激之间可相互作用，增加顾客对美容院的喜爱与信任。

（2）顾客的知觉。知觉是客观事物直接作用于感官而在头脑中产生的对事物整体属性的认识。感觉是人对事物的个别属性的认识，但是在人们的实际生活中，不仅要认识事物的个别属性，而且要认识事物的整体，人们所认识的事物的整体就是知觉。顾客会自动将对美容院及美容服务的具体感觉整合成整体的知觉，形成对美容院的印象。知觉具有整体性、选择性、理解性和恒常性，根据知觉的特性，在美容场所的建设和美容服务中需要注意以下几点：

1）注重细节。对顾客的视觉、嗅觉、听觉及方位觉等多种感觉都需要细心周全的考量，某一细节的疏忽将会影响到整体性。

2）突出重点。客观事物是多种多样的，在特定时间内顾客只能选择少数或一种事物作为知觉对象，而对其他事物只做模糊的反映。因此，美容院的特色要重点突出，使顾客留下深刻、鲜明的印象。

3）因人而异。人们总是根据自身的知识经验对感知的事物进行加工处理，形成概念和知觉。因此，美容师在工作中要多学习、勤实践，积累实际经验，才能对顾客的需求理解更深刻、更精确。

（3）顾客的记忆。记忆是通过识记、保持、再认或回忆等方式在人脑中积累和保存个体经验的心理过程。顾客可通过形象记忆、语词逻辑记忆、情绪记忆及运动记忆等多种类型对美容院和美容师的服务形成记忆，但是大多记忆的内容会随着时间的流逝而被遗忘，遗忘的进程不仅受时间因素的影响，还会受到识记材料的性质和数量、感受或学习的程度、顾客自身的态度等多种因素的影响。顾客在和谐、愉悦的状态下感受的美容服务记忆最为深刻。

人的认知过程还包括思维、想象等心理活动，美容师应培养自己集中精力、勤于思考的习惯，并发挥想象空间，进行创造美的思维。

2. 顾客的情感过程

人对客观事物是否满足需要而产生的态度体验及相应的行为反应就是情绪情感。情绪通常是指有机体在维持生存的自然需要是否获得满足而产生的体验，情感则经常用来描述那些具有稳定的、深刻社会意义的感情，它与社会性需要是否获得满足相联系，是人类所特有的。情绪是情感的外在表现，具有冲动性和明显的外部表现；情感是情绪的内在本质，常以内心体验的形式存在。

情绪情感是以个体的愿望和需要为中介的一种活动。当客观事物或情境符合主体的需要和愿望时，就能引起积极的、肯定的情绪情感，如高兴、满意等；当客观事物或情境不符合主题的需要或愿望时，就会产生消极的、否定的情绪情感，如烦恼、不满等。因此，在美容服务的过程中，美容工作者要积极了解顾客的需要或愿望，根据其需求提供服务，以使顾客产生积极的情感反应。

3. 顾客的意志过程

意志是人自觉地确定目的，根据目的支配和调节行动，并克服困难以实现预定目的的心理过程。人不仅通过认识活动来认识世界，通过情绪情感来体验客观事物与个体需要之间的关系，还能通过意志行动能动地改造世界。

意志过程具有自觉的目的性，顾客的意志过程来源于对求美目标的追求。把美容服务的目标与顾客的美容目的相结合，就可以激发顾客克服困难、增强自制力的信心和能力，就能够在帮助顾客实现愿望的同时留住顾客，构建良好的服务关系。

三、顾客的个性心理

1. 顾客的气质

通常所说的气质是指一个人的风度、风格，或某种职业所具有的非凡特点。而心理学的气质指的是一个人生来就具有的典型而稳定的心理活动特征，是指在人的认识、情感、言语、行动中，心理活动发生时力量的强弱、变化的快慢和均衡程度等稳定的人格特征，主要表现在情绪体验的快慢、强弱，表现的隐显及动作的灵敏或迟钝方面。气质具有典型的、稳定的心理特点，一般通过人们处理问题或人与人之间的相互交往显示出来。

（1）气质的类型与特征。心理学家根据人的神经系统对外界反应的快慢和意志力的强弱，将气质分为四大类，见表2—1。

表 2—1　　　　　　　　　　气质的类型与特征

气质类型	特质	特点
胆汁质	反应速度快，意志力强	性情急躁，神经系统坚强，不怕困难，缺乏自制能力和持久而有系统进行工作的能力
抑郁质	反应速度慢，意志力强	多愁善感，神经系统较敏感，抑制性较强，固执而容易生气，不善于交际，不能经受长期的紧张工作
多血质	反应速度快，意志力弱	见异思迁，神经系统坚强，感觉和行动均衡，活泼好动，善于交际，能适应各种情况，常常容易做出妥协
黏液质	反应速度慢，意志力弱	性情孤僻，感觉和行动均衡，喜怒不形于色，感情稳定，反应迟钝，难以适应生活条件的改变，工作埋头苦干

气质类型没有好坏之分，每一种气质都有积极和消极两个方面，而且个体的气质往往不是孤立的，而是两三种气质类型的交叉融合。

（2）气质对顾客购买行为的影响。不同气质类型顾客的购买行为存在差异，了解和掌握顾客的气质类型特点，有助于提高服务质量及销售额，见表2—2。

表 2—2　　　　　　　　　不同气质类型顾客的购买行为特点

气质类型	购买行为特点
胆汁质	1. 反应迅速，一旦有某种需求，就会产生购买动机，并很快付诸行动 2. 在购买过程中，如遇礼貌、热情的接待，很快就会成交；如遇拖欠、态度欠佳等服务，易发生冲突

续表

气质类型	购买行为特点
抑郁质	1. 对商品刺激反应慢，不善于表达自己的愿望和要求，决策过程长 2. 精挑细选，并表现出犹豫、将信将疑的态度
多血质	1. 反应灵敏，善于表达自己的愿望，表情丰富，易于沟通 2. 决策迅速，但缺乏深思熟虑，易见异思迁
黏液质	1. 对商品刺激反应慢，沉着冷静，不露声色，决策过程长 2. 不易受广告宣传影响，自制力较强，但购买后不易退货

2. 顾客的性格与能力

（1）顾客的性格。日常生活中我们说的个性主要是指人的性格。性格是指个体对现实的稳定态度与习惯化了的行为方式的人格特征，是通过后天学习获得的，它是个人对现实的态度和行为方式中的较为稳定的心理特征。性格是个性心理中最重要、最具核心意义的心理特征，它反映一个人独特的处事态度和行为方式，是一个人区别于他人最主要的标志。

性格的形成与家庭、环境、学校教育及社会实践的影响有关，是后天形成的。从本质上讲，性格是在高级神经活动的基础上后天建立的条件反射系统。顾客的性格对其购买行为具有一定的影响，性格具体分类见表2—3。

表 2—3　　　　　　　　　顾客性格分类及其特点

分类标准	类型	特征
经济性	节俭型	此类顾客会把钱大多用来购买生活必需品，看重商品的实用性和价格
	享受型	此类顾客注重消费过程中的享受和快乐，看重商品的名牌效应，不太在意价格
忠诚性	保守型	此类顾客忠诚于老品牌的商品，轻易不购买不熟悉的商品
	开放型	此类顾客消费兴趣广泛，愿意接受新商品，不过分计较价格
完美性	挑剔性	此类顾客相信自身的消费经验，在此基础上精挑细选，要求完美
	随意型	此类顾客态度随和，生活方式大众化，消费没有固定模式，易受外界因素影响，多发生随机性购买行为
时尚性	现实型	此类顾客消费态度理性，充分考虑自身的实际条件，消费行为计划性和目的性较强
	浪漫型	此类顾客注重商品的时尚性、艺术性和情感性

（2）顾客的能力。顾客的能力指的是顾客的心理能力，是直接影响活动效率、使活动顺利完成的个性心理特征。能力与顾客的个性相联系，是一个人观察力、注意力、

记忆力、思考力的综合体现。

在消费活动中，顾客要得到满意的服务，必须具备各种能力，包括观察力、识别力、记忆力、决断力、鉴赏力和使用能力等，顾客通过各种能力的运用，对服务和商品进行综合分析，以选择适合自己的消费过程。提高顾客的各项能力，有利于促进商品销售和顾客消费的理性化。

3. 顾客的消费观念

消费观念是人们对待其可支配收入的指导思想和态度及对商品价值追求的取向，是消费者在进行或准备进行消费活动时对消费对象、消费行为方式、消费过程、消费趋势的总体认识评价与价值判断。顾客的消费观念主要受社会发展现实、民族文化积淀、主流消费观念及年龄、性别、学历等个人因素的影响。

（1）消费观念的影响。消费观念会深刻地影响顾客的消费行为。第一，消费观念影响顾客的品牌偏好，消费观念前卫的顾客倾向于选择国际性的品牌，保守的顾客根据价格、质量比而大多选择国内品牌；第二，消费观念影响顾客对消费场所、消费方式的选择，节约型的消费者一般选择物美价廉的场所，如超市、批发市场等，而具有提前消费观念的消费者则愿意选择到精品店、大型商场去购买商品和服务，目前美容院的顾客主要属于这类消费者；第三，消费观念也直接影响人们的未来预期和未来消费，节俭型和量入为出型的消费者在未来的消费主要还是住房和子女学业，而提前消费型的消费者在未来的消费中占比重最高的将是旅游、生活服务、保健、汽车、金融投资等领域。

（2）消费观念的变化。消费者的需求和欲望是推动消费发展的根本源泉，要了解消费主题发展的方向，关键在于分析人们在生活中需求和欲望的转变。消费观念大致经历了由必需消费向品牌消费再向高端或奢侈品消费的过程。随着人们收入和生活水平的提高，消费需求增长最强劲的热点将逐渐从传统的满足基本衣食住行的消费品向满足更高层次身心健康需求的消费品转移，这不仅包括简单的物质需求，更有深层次的精神需求。未来美容行业的消费需求必将从单纯对美的追求转变为对健康、精神愉悦放松、环境舒适、产品天然安全、服务与美丽并重的全方位追求。

4. 顾客的需要和兴趣

（1）顾客的需要。顾客的消费是有目的的，是在寻找最能满足自身需要和兴趣的商品和服务，顾客的需要和要求是商业活动的基础。需要是推动顾客进行各种消费活动的内在原因和根本动力，究其本质，是个体由于缺乏某种生理或心理因素而产生内心的紧张，从而形成与周围环境之间的某种不平衡状态。为了寻求平衡，顾客在商品或服务消费中，不仅需要物质上的满足，还相应地需要得到精神上的满足。提供服务的美容师或咨询师必须对顾客的需要进行分析，把握顾客的不同方面。

顾客的需要具有多样性，由于收入水平、文化程度、职业、年龄、性格等差异，顾客会产生各种各样的需要。此外，需要也会随着顾客生活水平的提高而出现不断变化的现象，由简单向复杂、由低级向高级、由物质的满足向精神的满足等。在服务过程中，美容师或咨询师把握顾客需要的基本特征，有意识地满足顾客的需要，提供合适的服务和商品，挖掘顾客的潜能，可有效地促成消费，提高经济效益。

（2）顾客的兴趣。兴趣是个体对特定的事物、活动及人为对象所产生的积极的及带有倾向性、选择性的态度与情绪。每个人都会对其感兴趣的事物给予优先注意，并心驰神往。但兴趣是以需要为前提和基础的，兴趣在需要的基础上产生，也在需要的基础上不断发展。提供服务的人员在掌握顾客需要的基础上，了解其兴趣所在，在满足他们需要的同时，充分顾及顾客的兴趣，这是提供良好服务和达成消费的最好方法。

四、常见顾客心理分析

1. 常见顾客心理类型

每个人都有自己与众不同的性格，即使需要和消费动机相同，不同类型的顾客也会有不同的外在表现。

（1）按照顾客消费目标的选定程度划分（见表2—4）

表 2—4　　　　　　　　　　　顾客的消费类型及特征

消费类型	消费特征
已确定型顾客	此类顾客在来美容院之前，对自己所要消费的美容项目已经有了足够的了解，包括美容后对皮肤产生的良好效果、服务的流程、价格的幅度。这类顾客进入美容院后都能迅速做出决定，主动提出自己所选定的美容项目及服务要求，一旦满意就决定接受服务
半确定型顾客	此类顾客在来到美容院之前，心中已经有了大致的消费目标，但对选择哪一种适合自己的美容项目还不甚明确。他们对同类美容项目经过较长时间的对比、咨询、选择和评价，才能做出明确的决定
不确定型顾客	此类顾客在来美容院之前，心中没有明确的消费目标，进入美容院也只是随便参观，或是陪同他人而来。通常他们没有消费的准备，但在碰到能吸引眼球的项目时，也许会成为顾客，但很多情况下他们只是了解、参观一番就离去了

（2）按照顾客行为表现特征划分（见表2—5）

表 2—5　　　　　　　　　　　顾客的行为类型及特征

行为类型	行为特征
习惯型	这类顾客喜欢根据过去的消费经验、使用习惯进行消费，他们会长期光顾一家美容院或长期使用某个美容品牌的产品，对他们信任或效果偏好的项目和产品不加考虑地接受，不被时尚风气所影响
理智性	这类顾客是以理智为主、感情为辅，喜欢根据自己的经验和广泛收集的美容信息，经过周密分析和考虑才决定消费。其主观性强，不愿别人介入，广告和美容师的推荐介绍对其影响甚少。他们很少感情用事，始终由理智支配行动
感情型	这类顾客带有浓厚的感情色彩，想象力和联想力特别丰富，审美感觉比较灵敏，易受外界因素，如广告、市场流行的影响，对美容项目的时尚性比较挑剔，对价格高低不太重视
冲动型	这类顾客特征是情绪容易波动，心境变化剧烈，易受广告宣传的影响，并喜欢追求时尚。他们常凭个人兴趣消费，决定迅速，但不满意时常会懊悔
经济型	这类顾客多从经济角度考虑，特别注重服务质量，一般有两种倾向：一种是讲究经济合算、物美价廉，喜欢在美容院打折时接受优惠服务；一种是喜欢收费昂贵的项目，认为价格高必然是好产品，便宜无好货。这两种倾向与经济条件和心理需要有关
从众型	这类顾客的特点是易受众人的影响，对美容项目本身不做分析，认为只要大家都做就一定是有效果的
疑虑型	这类顾客行动谨慎、迟缓，体验深刻且疑心大，从不冒失、仓促地做决定，往往犹豫不决，对美容师的介绍抱有戒心，即使决定了也会怕自己上当受骗
随意型	这类顾客的特点是缺乏经验，心理不太稳定，大多属于初次来做美容者，往往是听从他人介绍而来，往往缺乏主见、不知所措，对美容项目没有固定的偏爱，希望能得到美容师的帮助，乐于听从美容师的介绍

（3）按照顾客情感反映划分（见表2—6）

表 2—6　　　　　　　　　　　顾客情感反映类型及表现

情感反映类型	情感表现
沉静型	此类顾客特点是感情不外露，态度持重、交际适度、心理平静、灵活性低，选择美容项目很少受外界影响，不愿与美容师交流与美容无关的话题
谦逊型	此类顾客相对愿意听取美容师的介绍和意见，做出决定比较快，很少挑剔服务的质量，对美容师的服务较放心
健谈型	在选择服务项目时，这类顾客能很快与美容师接近，愿意与美容师或其他顾客交流经验。他们兴趣广、话题多、开朗、爱开玩笑

续表

情感反映类型	情感表现
反抗型	此类顾客往往不能忍受别人的意见，对美容师的介绍持有戒心，异常警觉，甚至有逆反心理。美容师越介绍产品，他们越不信任。这类顾客性格孤僻、独立，主观意识强
激动型	此类顾客常会表现出傲慢的态度，甚至用命令的语气提出要求，情绪容易波动，稍不如意就会与人发生争吵，抑制能力差

2. 应对策略

（1）根据不同消费类型确定应对策略

1）对于确定型的顾客，美容师应以最快的速度提供他们所需的服务，但确定型的顾客还有不同的情况。如果是老顾客，他们只是前来重复以往的服务项目，希望美容师尽快提供服务。美容师只需尽快帮助其落实服务，并尽量满足顾客的需求。如果是新来的顾客，他们根据他人介绍或从媒体获知信息，决定前来接受某项美容服务。他们第一次来，不急于接受服务，而想了解具体情况。这时，美容师应当根据顾客的个性和消费行为特征确定服务的方式。

2）半确定型的顾客是美容师重点争取的对象，因为他们尚未确定在哪家美容院接受服务，或者做什么美容项目。美容师应当尽量展示自身的优势，如环境、质量、收费、特点等，可以参观最能打动、吸引顾客的设施，或者某位知名美容师的操作，也许顾客就会决定在此接受美容服务。对于想做但不知做什么项目最合适的顾客，美容师应当先根据顾客的具体情况介绍服务项目，适度地推荐效果好的美容项目，帮助顾客确定，这需要美容师有很强的业务素质。

3）对于不确定型的顾客，美容师应当耐心地服务，用灵活的方式介绍美容院的特色，态度不可冷漠，因为他们是美容院潜在的客户。如果顾客没有时间来美容院接受服务，美容师可以推荐家用的美容产品，向顾客进行美容知识的宣传，展示自己的专业性。即使这类顾客不做美容，如果给他们留下了深刻的印象，也许他们会推荐给自己的亲朋好友。

（2）因人而异地提供服务

1）对于经济型顾客，尤其是爱讨价还价、喜欢价格便宜且一直问价钱的顾客，美容师要推荐价格适中、经济实惠的项目，不要推荐昂贵的项目和产品，以免造成他们心理上的负担。

2）对于顾客，美容师不要发表批评性的意见，尤其不要表现得虚荣而自负，并且喜欢谈论、吹嘘自己的顾客。美容师在接待顾客时，不要被自己的喜好所左右，而要慎重地介绍服务项目或产品，依其所需，着重强调新颖、独特性。

3）对于确定型的顾客，美容师应当尽量满足其意愿，对他们的话尽量予以肯定，即便有不同的看法，也必须用委婉的方式来表达。

4）对于衣着打扮非常讲究，过分要求优质服务，对消费非常仔细、苛求的顾客，美容师一定要搞清楚其需要，介绍一些价格较高、功效突出的高档产品或者较高水平的服务。

5）对于犹豫不决的疑虑型顾客，美容师应耐心、客观地介绍美容项目和产品的特点、功效，给顾客考虑的时间，以表达自己的诚意，减少对方的戒心。

6）对于与美容行业相关的内行顾客，美容师不要在专业知识上与其争论，而要尽量转变话题，减少向其推销产品的频率，可以强调服务方式的独特性。

学习单元 2　观察与服务

【学习目标】

1. 掌握对顾客的观察方法。

2. 了解不同的服务方式。

【知识要求】

一、观察方法

1. 观察顾客的表情

在美容师与顾客沟通的过程中，要注意观察对方的表情。一个人的心理活动可以从其面部表情上表现出来，精明的美容师会依据顾客的表情判断对方对自己话语的反应，并积极主动地采取相应措施，把握有利时机。

（1）当美容师向顾客推荐某个美容项目或美容产品时，如果顾客显出不快神色，美容师要解开对方对美容项目或美容产品的疑惑。

（2）顾客对美容师的介绍都会从怀疑到半信半疑，直至有试用的意愿，在这个过程中，美容师应留心观察顾客的手势、眼神，除了详细介绍美容项目或美容产品的性能特点外，还应就对方感兴趣的话题进行扩展，使谈话变得更轻松、愉快、有效。

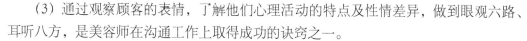

（3）通过观察顾客的表情，了解他们心理活动的特点及性情差异，做到眼观六路、耳听八方，是美容师在沟通工作上取得成功的诀窍之一。

2. 倾听顾客的叙述

倾听是美容师了解顾客的必要途径，是一个富有技巧的过程。美容师只有站在顾客的立场上，用心地倾听，才能使顾客畅所欲言，才能真正了解顾客的需求。在倾听的过程中，美容师应做到以下几点：

（1）换位思考。假设自己是顾客，理解顾客所遇到的问题、困难，关心顾客的需求，这样可以拉近和顾客的距离，消除顾客的防备心理。

（2）倾听的姿态。美容师在倾听的过程中应保持身体自然前倾，表示在仔细地聆听，且要自然地微笑、眼神亲切。双手不要交叉于胸前，表现出傲慢或事不关己的表情。

（3）适度的回应。对顾客的表述要做出适当的反应，如点头、微笑，或给予"是的，我赞同您的说法"等语言回应。如得到的信息不够多或顾客突然停止表述，可适当地沉默并表现出思考的样子，以引导顾客继续谈下去，透露更多的信息。

（4）观察顾客的肢体语言。顾客的肢体语言也蕴含着丰富的语言信息，肢体语言与口头语言是相互协调、相互补充的，而且肢体语言比较直接，不易伪装，观察顾客的肢体语言可以帮助美容师更好地理解顾客的需求。

（5）倾听顾客的话外之音。话外之音，就是顾客由于某种原因不愿直接表达，而在语言措辞和语气态度上流露的内容。例如，美容师提出了皮肤护理疗程的建议，顾客只是冷冷地说："好吧，我考虑一下，我还有事，以后再联系。"这说明顾客对美容师的建议不感兴趣。美容师只有善于倾听这些声音，才能了解顾客的真实想法，把服务做得更好。

（6）做好记录。人的记忆力是有限的，对于顾客谈到的一些比较重要的信息，要做好记录。美容师或咨询师可以在身边准备一个小本子，方便随时记录，或将这些信息输入美容院的软件客服系统。

3. 询问顾客的需要

美容师通过询问顾客，可以了解顾客的想法和需求，同时也可以理清自己的思路，这是良好、有效沟通的前提。美容师在向顾客提问时，应掌握好提问的方式和技巧。

（1）礼节性提问。美容师应首先向顾客问好，并热情有礼地询问顾客的基本信息，如"您好，欢迎光临，请问您贵姓"等。

（2）开放性提问。开放性提问就是采用直接发问的方式提出问题。所问的问题很广泛，自然答案也相当广泛，一般是在还不太了解顾客的情况下提出此类问题，这是了解顾客的开始。通过开放性的提问，如"您喜欢使用什么美容产品""您以前做过哪些美容疗程"等问题，可以了解顾客在美容方面的基本情况和信息。

（3）提出核心问题。在建立了基本的信任关系以后，美容师就需要向顾客提出专业性的问题，了解顾客的需求和核心关注点。例如，"您最想解决的是什么皮肤问题？"提出核心问题时，可以选择封闭性提问，二选一的问题就属于典型的封闭性问题，用封闭性问题可以聚焦谈话重点。

（4）三段式提问。"重复顾客原话＋专业观点陈述＋反问"就是三段式提问的句型。通过重复原话可以认同顾客的观点，拉近彼此的距离，通过专业观点的陈述，可以增强说服力。

（5）提问的忌讳。首先，要避免用质问式的语气提问，例如，"你为什么不喜欢这个疗程？"这样的质问容易导致顾客的反感，给人留下心胸狭窄、脾气乖张的印象；其次，要避免同时提出几个问题，使顾客无所适从，不知如何作答；此外，还要避免直白地批评顾客，也不能以不耐烦的语气及最后通牒式的问题来提问。

4. 与顾客沟通的技巧

美容师与顾客之间应进行适度的沟通，既可以增进双方的了解和信任，也是提高销售的有效途径。

（1）做沟通前的准备工作。首先，美容师要对服务疗程和产品保持足够的热情和浓厚的兴趣，设法将自己对产品的积极态度传递给顾客，这将在很大程度上影响顾客接下来的决定；其次，美容师要充分了解产品信息，能够熟练讲解产品和服务项目的功效特点，并且掌握介绍自己和产品的艺术，明确每次销售的目标。

（2）适当地表达自己。与顾客沟通时，应从"生活随意型"转向"专业型"，即根据具体的场景、顾客的特点真诚地开始谈话，对顾客的基本信息进行了解后，可以进入专业的交流。美容师在表达自己时，既要有个性化的语言，又必须掌握共性的表达方式和技巧。

（3）紧紧围绕顾客的需求。美容师在与顾客的沟通中，应尽量避免完全背诵已准备好的说辞，而要紧紧围绕顾客的需求，为顾客讲解和介绍相关的产品、服务项目和专业知识。

（4）积极向上，避免使用负面语言。什么是负面语言？如，"我不能、我不会、我不懂、我们不愿意"等。顾客只会对能够解决的问题感兴趣，如果他们听到这样的语言，会对美容院和美容师失去信心。美容师应尽量积极地表达正面的信息，告诉顾客我们能做什么，积极创造良好的沟通氛围。

（5）主动提问，耐心倾听。沟通中美容师应主动提出问题，将交流的重点围绕在美容院的产品、服务项目和顾客的美容问题上面。对于顾客的回答应耐心地倾听，不要急于打断顾客，更不能直接否定顾客的观点，甚至批评顾客。

（6）使用专业语言表述，维护美容院的形象。美容师在介绍产品、项目时，应尽量使用专业语言，在顾客心中建立信任，并用心维护美容院和自己健康正面的形象，以促进沟通。

二、服务方式

1. 功能服务与心理服务

服务是通过人际交往而实现的，满意的服务来源于功能服务和心理服务两个方面。

（1）功能服务。功能服务是美容院提供的基本服务，是以美容师的技术为顾客提供的服务，如面部皮肤护理项目、身体护理项目等。功能服务是有偿的服务，是顾客必须得到的且受法律保护的有形服务。功能服务的优劣取决于美容师技术水平的高低和操作规范执行的好坏。

（2）心理服务。心理服务是指在为顾客提供功能服务的同时，美容师根据不同顾客的心理需求进行的一系列没有直接报酬的服务，使顾客有被重视、被尊重的感觉，如给予顾客精神的慰藉、言行中善解人意，以及营造轻松、愉悦、舒适的氛围。心理服务是美容师具有良好的职业素养、乐观积极的心态，以及企业具有优质文化的体现。

（3）功能服务与心理服务的关系。功能服务与心理服务之间是相辅相成的。第一，功能服务是服务的基础和必要要素。顾客走进美容院的驱动力首先来自对功能服务的需要，美容师必须提供技术方面的高效优质服务，才能使顾客感到有所收获。反之，如果顾客感觉美容师的技术差、操作不规范，对功能服务感到不满意，即使微笑再动人，语言再动听，顾客也有吃亏上当的感觉。第二，心理服务是服务的魅力因素，顾客在接受功能服务的同时，还渴望得到良好的心理服务。美容师不但要以高超的技术为顾客服务，还应给顾客优质的心理服务，给顾客美的享受，使其心情愉悦。反之，一位表情冷漠、语言生硬的美容师即使技术再娴熟，也会使人产生敬而远之或厌恶的感觉。

2. 标准化服务与个性化服务

标准化服务和个性化服务是服务中的两个重要内容，良好的美容服务必须重视并协调好两者之间的比例。

（1）标准化服务。标准化服务是美容院的基本服务，注重服务的规范和程序，以保证整个服务过程的行为如流水般流畅、顺利，给人以舒适、放松的感觉。以面部护理为例，美容师应遵循卸妆、洁面、蒸面、脱角质、按摩、敷面、保养等基本流程操作，且技术要娴熟，动作要规范，产品使用要正确。科学规范的标准化服务是保证优质服务的前提，是美容院整体形象的一面镜子。标准化服务需要鲜明的组织与群体观念，要求服务者有强烈的责任心和严谨的工作态度。

（2）个性化服务。个性化服务是体现美容院服务的人性化，强调服务的灵活性和有的放矢。其表现是美容师在服务过程中时刻站在顾客的立场上，想顾客之所想，急顾客之所急，自觉淡化自我而强化服务意识，做到换位思考。个性化服务是超常的服务，所谓的超常服务，就是用超出常规的方式满足顾客偶然的、个别的、特殊的需要。这种服务没有固定的模式，对技术没有很高的要求，但是由于其含有浓厚的感情因素，要求美容师在制定服务程序和执行服务的过程中注入强烈的感情。

（3）标准化服务与个性化服务的关系。标准化服务与个性化服务既相互区别，又相互依赖、相互转化。标准化服务是个性化服务的前提和基础，没有规范服务的基础而奢谈个性服务，就是舍本逐末、缘木求鱼；个性化服务又高于标准化服务，如果只停留在规范的，甚至是机械化的服务，而不向个性化、人性化的方向发展，美容院的服务就毫无生气和特色，难以留住顾客。

学习单元 3　咨询与指导

【学习目标】

1. 掌握不同类型顾客的接待方法。

2. 掌握美容护肤品及服务项目的介绍和推荐方法。

3. 掌握常见美容问题与护理指导。

【知识要求】

一、不同类型顾客的接待

1. 主动型顾客的接待

主动型顾客可分为老顾客和新顾客两种类型。老顾客前往美容院的目的只是重复以往的项目，他们希望尽快安排美容服务，尽量抓紧时间；新顾客通常都是朋友介绍或从各种媒体获知美容院的信息后，有目的地前来尝试某种服务，所以目标也比较明确，希望美容师按其要求进行服务。因此，对于主动型的顾客，美容师应根据其目标及个性、消费行为，以最快的速度确定美容项目，并提供服务。

2. 消极型顾客的接待

对于消极型顾客，美容师可用灵活的方式介绍美容院的特色，把他们当作潜在客户来争取。如果顾客提出没有时间来美容院接受服务，美容师可以向他们推荐家居用品，并对顾客进行美容知识的宣传，这也是顾客此时最需要的服务。美容师耐心、细致的服务会给顾客留下深刻而且美好的印象，即使他们这一次可能并没有接受任何服务，但是他们及其亲朋好友日后很有可能会成为美容院的顾客。

3. 双重型顾客的接待

双重型顾客可分为三种类型：第一种类型的顾客虽然想到美容院做专业的护理，但是对于服务方式和护理效果还不够了解，甚至可能还存有很多疑问，表现出一些消极的抵触情绪。此时，美容师应重点向顾客介绍美容护理的专业知识，为顾客分析其皮肤状况，并介绍专业护理与家庭日常护理的区别，加深其对美容的认识，帮助他们树立信心。第二种类型的顾客尚未确定在哪家美容院做美容，美容师应尽量展示自身的优势，如环境、质量、收费等，可以带他们参观最能吸引顾客的美容室、设备室或引见知名美容师，这样也许顾客就会决定在此接受美容服务。第三种类型的顾客有做美容护理的意图，但又不知道什么项目适合自己，这时美容师应当先根据顾客的具体情况介绍服务项目，为其推荐效果较好的个性化护理。双重型的顾客有着非常大的消费潜力，是美容师需要重点争取的对象。

二、美容护肤品及服务项目的推荐

现代美容院的产品和护理项目种类繁多、功能齐全。在销售过程中，美容师应主动了解顾客的需求，结合其自身状况和美容院产品和项目的特点，经过综合分析，有目的地进行推荐和销售。

1. 护肤品的介绍

产品销售是美容院盈利的主要部分，美容师必须对所销售的产品了如指掌，并充满信心，熟练掌握、灵活运用专业知识及销售技巧，在沟通过程中回答顾客可能会提出的各种问题，以达成有效的销售。美容师在介绍产品时应注意以下问题：

（1）美容师必须掌握美容销售产品的基本资料，包括产品的名称、价格、功效、使用方法和注意事项等。

（2）美容师要尽量了解顾客以往及现在美容产品的使用情况、消费习惯和喜好等信息。

（3）美容师将产品进行分类推荐。例如，可将产品分为院装使用产品和家用产品两类。对于只供在美容院中使用的专业产品虽然不做销售，但要向顾客介绍其功效、特点，使顾客具备对产品的良好体验和感受；对于建议家庭日常使用的产品应做销售推荐，重点介绍其成分、功效等卖点，并根据顾客自身的实际情况，为其选择最适合的产品。

（4）美容师在销售产品时，应从顾客的需要出发，逐步引导其对产品产生兴趣和购买欲望，不能喋喋不休，以免引起顾客的反感。

（5）产品的销售与美容服务密不可分，美容师在介绍产品的过程中不能对服务松懈，甚至在销售没有达成时，对顾客表现出冷淡、怠慢。这样不仅影响产品销售，也会影响项目服务，使顾客对美容师甚至美容院都失去信心。

2．服务项目的推荐

美容服务项目是美容院服务的主要内容，是评价美容院和美容师优劣的根本。美容师应对服务项目全面了解，并能熟练地向顾客进行推荐和介绍。

（1）介绍服务项目的基本内容，包括项目名称、功能、适合人群、操作时间、流程、价格等。美容师对项目的介绍要细致、周到，因为顾客有了解的权利。通常顾客问题越多，说明他对这个项目感兴趣，美容师销售成功的概率就越大。美容师如果对服务项目不熟悉，在介绍过程中自然会生涩，从而给顾客留下工作不认真的印象，并会对美容师产生不信任感。顾客对美容师的专业程度产生怀疑，自然就不会接受其服务。

（2）介绍服务项目应根据顾客的需要和实际情况，突出重点。针对顾客的皮肤类型推荐项目是美容师的基本素养，具体内容详见表2—7。

表2—7　　　　　　　　　常见皮肤类型服务项目推荐表

皮肤类型	诉求重点	推荐的服务项目
中性皮肤	保养和预防	清洁、保湿护理项目
干性皮肤	保湿和滋润	保湿、滋润护理项目
油性皮肤	清洁和控油	清洁、去脂护理项目
混合性皮肤	区别护理	清洁、去脂与保湿相结合
黑斑皮肤	祛斑和美白	祛斑、美白、保湿护理项目

续表

皮肤类型	诉求重点	推荐的服务项目
暗疮皮肤	清洁、控油和消炎	清洁、控油和消炎护理项目
皱纹皮肤	保湿和滋养	保湿、滋养、祛皱、紧肤等护理项目
敏感皮肤	补水和抗敏	保湿、镇静、脱敏护理项目

注：对于项目的具体名称，每个美容院中可有不同表述方法。

（3）美容师在介绍服务项目时，应思路开阔，充分挖掘顾客的需求，为顾客设计综合护理项目。例如，顾客面部属于黑斑皮肤，在介绍和推荐祛斑项目的同时，还要从顾客的年龄、身体状况等方面进行分析，适当推荐全身按摩等项目，以加速血液循环，缓解紧张、疲劳的身体状况，有助于增强顾客祛斑的效果。

（4）美容师在介绍和推荐服务项目时，要突出专业性和严谨性，主要表现在对顾客的皮肤、体型等状况进行分析时，可借助仪器检测等手段，结合专业知识和术语，进行准确的分析和讲解。对于项目的介绍则应非常客观、细致，不能夸大其词、口若悬河，以免顾客产生过多疑问。

（5）美容师在介绍服务项目时要始终热心、周到和耐心，并向顾客提供生活护理的建议，使顾客感觉倍受关心。美容师不能因为顾客问题多、有疑问或不接受服务就冷落顾客。

三、常见美容问题与护理指导

在现代社会中，随着生活节奏明显加快，环境污染日益加剧，人们的作息时间越来越不规律，饮食结构越来越不合理，精神紧张、压力过大等情况越来越多，身体状况和皮肤状态也就出现了很多问题。例如，本该青春期年轻人长的痤疮出现在三四十岁人的脸上，而"老年斑"却又出现在年轻人的皮肤上，这些都是社会环境因素和自身保养不当的体现。因此，美容师必须掌握生活中常见的美容问题的表现，并加以正确区分，在提供专业护理服务的基础上，能在产品选择和家庭护理等方面给予顾客建议。

1. 日常生活中常见美容问题

根据皮肤的水油比例、pH 值等因素，可将皮肤分为中性皮肤、油性皮肤、干性皮肤和混合性皮肤四种类型。

（1）中性皮肤。中性皮肤是一种理想的皮肤，主要特点是水分、油分适中，皮肤酸碱度适中，光滑、细嫩、柔软，富于弹性，红润而有光泽，毛孔细小，无任何瑕疵，纹路排列整齐，皮沟呈纵横走向。中性皮肤多出现在少年之中，通常以发育前的少女为主，青春期过后仍保持中性皮肤的很少。这种皮肤一般夏季易偏油、冬季易偏干。

（2）油性皮肤。油性皮肤多出现于青春期，主要特点是油脂分泌旺盛，表现为额头、鼻翼有油光，毛孔粗大，鼻部有黑头，皮质厚硬不光滑，外观暗黄，皮肤偏碱性，弹性较佳，不易衰老。皮肤吸收紫外线容易变黑，易脱妆、易产生粉刺。

（3）干性皮肤。干性皮肤多出现在皮肤衰老的过程中，主要特点是皮肤水分、油分均不正常，干燥、缺乏弹性，皮肤 pH 值不正常，毛孔细小，脸部皮肤较薄，没有光泽，易出现脱皮，易长斑和皱纹，不易上妆，但外观比较干净。皮丘平坦，皮沟呈直线走向，浅、乱而广。干性皮肤又可分为缺水性皮肤和缺油性皮肤两种：干性缺水皮肤多见于 35 岁以后中年人及老年人，与汗腺功能减退，皮肤营养不良，缺乏维生素 A，饮水量不足及风吹、日晒等因素有关；干性缺油皮肤多见于年轻人，由于皮脂分泌量少，不能滋润皮肤，或护肤方法不当，常用碱性大的香皂洗脸，导致皮肤缺油。

（4）混合性皮肤。混合性皮肤兼有油性皮肤和干性皮肤的特点：面部 T 型区，即前额、鼻、口周、下巴等部位呈油性状态，眼部及脸颊呈干性状态。混合型皮肤多见于 25～35 岁的年轻人。

2. 损美性皮肤问题

损美性皮肤问题是指影响人容貌美和心理情绪的面部美容问题或皮肤病。常见的损美型皮肤问题主要有痤疮、色斑、敏感、衰老等。

（1）痤疮。痤疮是一种发生于皮肤毛囊皮脂腺的慢性炎症疾病，好发于面、背、胸等含皮脂腺较多的部位，主要以粉刺、丘疹、脓疱、结节、囊肿及瘢痕等多种损害为特征。近年来痤疮的发病范围逐渐扩大，这与饮食油腻、压力过大及睡眠不足等多种因素有关。

（2）色斑。色斑是一种面部色素障碍性皮肤病，多表现为淡褐色或咖啡色的形状不规则的斑点或斑片，呈对称分布，多见于颧、颊、额部皮肤。常见的色斑类皮肤病有雀斑、黄褐斑、颧部褐青色痣、老年斑（脂溢性角化）等。

（3）敏感。敏感皮肤是指感受力强、抵抗力弱，受到外界刺激后会产生明显反应的脆弱皮肤。其表现为皮肤毛孔紧闭、细致，表面干燥缺水、粗糙，皮肤薄，隐约可见微细血管和不均匀潮红，眼周、唇边、关节、颈等部位容易干燥发痒。敏感皮肤的人多有过敏史。

（4）衰老。衰老皮肤是人整体老化在面部的表现，由于组织功能减退，皮肤出现弹性减弱，皮下组织减少、松弛、下垂，皱纹明显，干燥、灰暗，无光泽，色素增多等多种问题。

此外，面部常出现的湿疹、荨麻疹、脂溢性皮炎、酒渣鼻、银屑病、激素依赖性皮炎等也属于损美性皮肤病，美容师应建议顾客就医治疗。

3. 产品的选用

正确选择日常护理产品非常重要，是美容院专业护理顺利进行的有效保证，美容师应根据顾客的皮肤状况为其提供专业的建议。

（1）根据皮肤的性质选择产品。护肤品并不是越贵越好，也不是别人使用后效果明显的就好，而是适合自己肤质的才是最好的。不同皮肤类型在选择产品时主要遵循以下原则（见表 2—8）：

表 2—8　　　　　　　　　　　**不同类型皮肤产品选择表**

皮肤类型	护理原则	产品选择
中性皮肤	保湿	保湿系列的洁面乳、爽肤水、乳液等
油性皮肤	控油、保湿	深层清洁的洁面乳，控油系列的爽肤水、乳液等
干性皮肤	保湿、营养	保湿系列的洁面乳、爽肤水、精华霜、眼霜、乳霜等，可适当加入滋养皮肤的精华霜和乳霜
混合性皮肤	保湿、控油	以保湿系列的洁面乳、爽肤水、眼霜、乳液为主，加入少量控油产品，在"T"区使用
痤疮皮肤	控油、消炎	深层清洁的洁面乳，控油系列的爽肤水、精华乳、乳液等，加入具有消炎作用的乳液，涂抹于皮损处
色斑皮肤	美白、祛斑	保湿美白系列的洁面乳、爽肤水、精华霜、眼霜、乳霜等，加入祛斑精华产品
敏感皮肤	镇静、修复	抗敏系列的洁面乳、柔肤水、精华霜、乳霜等，产品选择不宜过多
衰老皮肤	紧致、营养	营养、紧致、抗皱系列的洁面乳、爽肤水、精华霜、眼霜、乳霜等

（2）正确区分不同类型产品的特点和适用范围。每一种功能的护肤品都有多种类型，如洁面产品有洗面乳、洁面皂，滋润产品有保湿乳、润肤霜等。不同类型的产品一般具有不同的功效，美容师在提供建议时应注意区别（见表 2—9）。

表 2—9　　　　　　　　　　　**不同类型产品的特点和适用范围**

产品功能	产品类型	特点	适用范围
卸妆产品	卸妆油	主要由植物油、矿物油和合成酯等成分组成。其中，植物油含量丰富，溶脂性好；矿物油虽然不易被皮肤吸收，但也具有良好的卸妆成分	适合中性、油性、干性、混合性等多种皮肤类型，并可卸除较浓的彩妆

续表

产品功能	产品类型	特点	适用范围
卸妆产品	卸妆乳	含有合成酯较多，是水包油型的制剂。卸妆效果略差于卸妆油	适合多种皮肤类型，可卸除日常彩妆
	卸妆水（液）	主要有效成分是表面活性剂及可溶解油脂的化学溶剂	适合较浓的彩妆，不适合干性且敏感的皮肤
洁面产品	泡沫洗面乳	含有偏碱性的清洁成分，清洁力强	适合油性、混合性和痤疮皮肤
	洁面皂	含有皂质成分，偏碱性，清洁力强	适合油性、混合性和痤疮皮肤
	弱酸性洁面乳	成分温和，清洁的同时具有保湿作用	适合中性、干性、混合性皮肤及衰老、色斑、敏感等皮肤
化妆水类产品	保湿水	含有保湿剂，可以平衡皮肤的酸碱值，补充皮肤水分	适合中性、油性、干性、混合性等多种皮肤类型
	清洁水	含有表面活性剂及酒精等成分，具有清洁皮肤的作用	适合油性皮肤和痤疮皮肤
	收缩水	含有收敛剂、酒精等成分，具有收缩毛孔的作用	适合油性皮肤和痤疮皮肤
	营养水	含有透明质酸、维生素C、胶原蛋白等多种营养成分	适合干性、衰老和色斑皮肤
滋润产品	乳液	水包油型，质地清爽不油腻	适合中性、油性、混合性的肌肤
	乳霜	油包水型，较为滋润，既补水又补充少量油脂	适合干性、衰老和色斑皮肤

（3）考虑多种因素提供建议。多种因素是指美容师应根据季节、气候等因素向顾客推荐产品，因为每个人在不同季节可出现不同的皮肤状况，如春夏偏油、秋冬偏干。此外，对于有损美性皮肤问题的顾客，美容师还应根据其皮损的性质、分布和严重程度，确定是否可以通过美容院的专业护理和顾客的居家护理加以改善，如果情况较为严重，应建议顾客及时就医，通过药物进行治疗。这样既不会耽误顾客的病情，又能够展示美容师的专业性。

4. 自我护理的方法

美容师不仅在美容院为顾客进行皮肤护理，还应该指导顾客居家自我保养方法，帮助顾客树立长期的保养意识，巩固专业美容护理的效果。自我家庭护理的主要内容包括基本护肤方法、强化护肤方法等。基本护肤方法主要包括卸妆、洁肤、爽肤、眼部护理、涂抹精华素、面霜（乳液）等基本步骤（见表2—10）。

表 2—10　　　　　　　　　　　　日常护肤基本步骤与方法

步骤	方法	注意事项
卸妆	卸眉毛：用沾有卸妆水的棉片在眉毛上轻轻擦拭	选择适合自己肤质的卸妆产品，动作轻柔
	卸眼影：用棉片蘸上专用的眼部卸妆品，覆盖在眼睑上约15秒后，从内向外轻轻擦拭三次	
	卸睫毛膏：将棉片放在下眼睑上，使上、下睫毛分别落在棉片上，用蘸有卸妆液的棉棒，仔细清理残留彩妆，尤其是睫毛根部的缝隙要清理干净	
	卸口红：用棉片蘸卸唇液轻轻擦拭	
	全脸卸妆：将卸妆油（或乳/液）均匀涂抹于全脸，打圈按摩，再用棉片从下往上擦拭干净	
洁面	先将面部用清水沾湿，再将洁面乳等产品涂抹均匀，双手无名指、中指按照由下向上、由内向外的方向打圈，鼻部、口周、额头等出油较多的部位需重点清洁，2~3分钟后用清水清洁干净	选择适合自己肤质的洁肤用品，并用温水清洁
涂护肤品	涂化妆水：化妆水具有再次清洁、调理肌肤酸碱度及柔软角质层等作用，用棉片将化妆水轻拍于面部	选择适合自己肤质的护肤产品，按照"方法"中的顺序操作
	涂精华素：将精华素均匀涂抹于面部	
	涂眼霜：用无名指将眼霜轻点于眼周，均匀涂抹并适度按摩	
	涂润肤霜：将润肤霜均匀涂抹于面部	

　　美容师在讲解方法的同时，要向顾客介绍每个步骤的作用和重要性，并教会顾客眼部按摩、面部按摩中基本的手法、按摩方向、按摩力度、按摩时间等强化护理的方法。此外，教会顾客对痤疮皮肤、老化皮肤、敏感皮肤、色斑皮肤等问题性皮肤的日常保养方法，并教会顾客不同季节的皮肤护理方法。

学习单元4　部分国家、地区的宗教信仰及风俗习惯

【学习目标】

1. 了解主要客源国的宗教信仰。

2. 了解主要客源国的风俗习惯。

【知识要求】

一、主要客源国的宗教信仰

1. 佛教

（1）佛教的创立。佛教是最早的世界性宗教，由古印度迦毗罗卫国王子乔达摩·悉达多（约公元前 566 年—公元前 485 年）创立，后人称他为释迦牟尼，尊称为佛陀。佛教信仰佛和菩萨。

（2）佛教的经典。佛教的经典是佛经，主要是释迦牟尼的弟子转述他在世时的说教，也包括后来一些佛教徒假托释迦牟尼之名所写的有关佛教的论述。佛经分为"经""律""论"三大类，"经"即教义，"律"即戒律，"论"即教理之解释。

（3）佛教的分布。目前佛教主要分布在中国、日本、印度、斯里兰卡、尼泊尔、泰国、缅甸、越南、柬埔寨、新加坡等亚洲国家，近些年来东欧、美国等国家也开始有人信奉佛教。

（4）佛教的传播。佛教在东汉明帝时经丝绸之路正式传入我国，经魏、晋、南北朝至隋唐发展到鼎盛时期，我国尚保存有汉、藏两种文字的大藏经，这是目前世界上保存下来的最完整、最主要的佛教经典之一。佛教在传播过程中分为三条路线，即北传佛教、南传佛教和藏传佛教（见表 2—11）。

表 2—11　　　　　　　　　　　　　佛教的分支

北传佛教	由印度传入中国大部分地区，再传入日本、朝鲜、越南、印尼、马来西亚、新加坡等国，以大乘教为主
南传佛教	由印度向南传入斯里兰卡、缅甸、泰国、老挝、柬埔寨等国，后又传入我国云南的傣族等少数民族地区，以小乘佛教为主
藏传佛教	属于北传佛教的一个分支，是由印度大乘密教传入我国西藏地区，经与当地"苯教"相结合，形成了喇嘛教，后向北传入青海、蒙古、西伯利亚等地区，向南传入不丹、尼泊尔和印度北部

（5）佛教的主要节日。佛教的主要节日是佛诞节，也称浴佛节，是纪念释迦牟尼诞生的节日。节日的时间各地不一，在我国，一般农历四月初八为佛诞节。此外，还有佛涅槃日，一般在农历二月十五；佛教成道日一般在农历十二月初八；观音诞辰一般为农历二月二十九；观音渡海为农历六月十九；观音成道为农历九月十九。

2. 基督教

（1）基督教的创立。基督教在公元 1 世纪中叶创立，创始人为耶稣。

（2）基督教的经典。基督教的主要经典是《圣经》，由新约全书、旧约全书组成。基督教信奉上帝，认为人类从始祖就犯了罪，并在罪中受苦，只有信仰上帝及其儿子耶稣基督才能获救。

（3）基督教的分布和传播。基督教分为三大教派：罗马公教、新教、正教（见表2—12）。

表 2—12 基督教三大教派

罗马公教（天主教）	罗马公教崇拜上帝和耶稣，并尊玛丽亚为天主之母，罗马公教的最高宗教领袖是罗马教皇，罗马公教主要分布于意大利、西班牙、葡萄牙、法国、比利时、奥地利等国
新教（耶稣教）	新教的神职人员主要是牧师和传道员，主要分布在美国、英国、加拿大和德国北部、瑞士、斯堪的纳维亚半岛诸国，以及芬兰、澳大利亚、新西兰和南非
正教（东正教）	东正教是以君士坦丁堡为中心的东派，该教不承认罗马教皇有高于其他主教的地位和权力，并主张主教以外的其他教士均可婚娶，神职人员有牧首、都主教、大主教、主教、大司祭、修士等。东正教主要分布于希腊、原苏联、保加利亚、原南斯拉夫、罗马尼亚、塞浦路斯等国

（4）基督教的节日。基督教的主要节日是圣诞节和复活节。

1）圣诞节是全世界基督教徒纪念耶稣诞生的宗教节日，时间为每年12月25日。由于基督教势力和西方文化传播的影响，圣诞节成为世界许多国家和地区民间的重大节日之一。

2）复活节是基督教徒纪念耶稣复活的节日，在每年春分月圆后的第一个星期日，复活节彩蛋是节日不可缺少的礼品，并被视为新生命的象征。

3. 伊斯兰教

（1）伊斯兰教的创立。伊斯兰教在公元7世纪由阿拉伯半岛麦加人穆罕默德创立。伊斯兰教信仰"安拉"，认为人的一切是由"安拉"决定的，穆罕默德是"安拉"的使者。

（2）伊斯兰教的经典。伊斯兰教的经典是《古兰经》，是教徒必须遵守的根本经典。除《古兰经》外，伊斯兰教还有《圣训》，是仅次于《古兰经》的权威经典。

（3）伊斯兰教的分布和派别。伊斯兰教的教派主要分为"逊尼派"、"苏菲派"和"什叶派"。主要分布在亚洲、东欧和非洲，南亚和东南亚各地分布最广。伊斯兰教在公元651年（唐高宗永徽二年）传入中国，主要分布在回、维吾尔、哈萨克、乌兹别克、塔吉克、柯尔克孜和撒拉等少数民族中，现在有穆斯林1 000多万人。近几十年，伊斯兰教在欧洲、北美洲一带也有传播。

（4）伊斯兰教的节日。伊斯兰教的主要节日有开斋节、古尔邦节、圣纪节和盖得尔夜。

1）开斋节亦称"肉孜节"（波斯语音译，意为"斋戒"），时间在伊斯兰教历 10 月 1 日。教法规定，教历 9 月斋戒一月，斋月最后一天寻看新月，见月的次日开斋，即为开斋节，并举行会礼和庆祝活动。

2）古尔邦节又称宰杀节，于希吉拉历的 12 月 10 日举行。

3）圣纪节是穆罕默德的诞生日，也是穆罕默德的逝世日因为其诞辰与逝世都在伊斯兰历 3 月 12 日。

4）盖得尔夜也称"平安之夜"，为教历 9 月 27 日夜。

二、主要客源国的风俗习惯

1. 部分亚洲国家的风俗习惯

（1）日本（Japan）。日本位于亚洲东部，领土由北海道、本州、四国、九州四个大岛和六千多个小岛组成，首都是东京。日本的国花是樱花。日本大多数人信奉道教和佛教，少数人信奉基督教或天主教。日本人注重礼仪，在举止、语言方面讲究礼貌，办事认真，重视自制和纪律性。

1）社交礼仪。日本人在待人接物及日常生活中十分讲究礼貌、注重礼节。见面时一般都互致问候，脱帽鞠躬，初次见面向对方鞠躬90°，互换名片，一般不握手，如果是老朋友或比较熟悉的人就主动握手或深鞠躬。见面时常说："拜托您了""请多关照"等话语。在日本凡对长者、上司、客人都用敬语说话，以示尊敬；面对平辈、平级、小辈、下级一般用简语讲话。"先生"一词只限于称呼教师、医生、年长者、上级或特殊贡献的人，对一般人称"先生"会使他们处于尴尬境地。男子对女宾客，只有在她们主动伸手时才握手，但时间不宜太长，也不要过分用力。日本人重视仪表，认为衣着不整齐是不礼貌的行为。

2）忌讳。日本人忌讳绿色，认为绿色不祥，忌荷花图案，忌"9""4"等数字，因"9"在日语中发音和"苦"相同，而"4"的发音和"死"相同。日本商人忌 2 月和 8 月，因为这两个月是营业淡季。日本人忌三人合影，因为中间人被夹着，这是不幸的预兆。他们还忌金眼睛的猫，认为看到这种猫的人要倒霉。日本人喜爱仙鹤和龟，因为这是长寿的象征。日本妇女忌问其私事。

3）重要节日。日本的重要节日有新年（1 月 1 日）；成人节（1 月 15 日）是满 20 周岁青年的节日；儿童节有男孩节和女孩节之分。日本的国花是樱花，樱花节从每年 3 月 15 日到 4 月 15 日。此外，日本还有敬老节（9 月 15 日）、文化节（11 月 3 日）等。

4）饮食习惯。日本人吃菜喜清淡，忌油腻，喜欢喝酒，水果中偏爱瓜类，如西瓜、哈密瓜、白兰瓜等。

（2）韩国（Korea）。韩国位于东北亚朝鲜半岛南部，三面环海，西南濒临黄海，与我国相邻，首都是首尔。韩国的国花是木槿花。韩国的主要民族是朝鲜族，以信奉佛教为主，佛教徒约占全国人口的1/3，近年来，信奉基督教的人数逐渐增加。

1）社交礼仪。韩国是一个礼仪之邦，人们普遍注重礼貌礼节。例如，晚辈对长辈、下级对上级规矩严格，必须表示特别的尊重。若与长辈握手时，还要以左手轻置于其右手之上，躬身相握，以示恭敬。与长辈同坐时，要保持姿势端正、挺胸，绝不敢懒散；若想抽烟，必须征得在场长辈的同意；用餐时，不可先于长者动筷等。男子见面可打招呼，相互行鞠躬礼并握手，但女性与人见面通常不与他人握手，只行鞠躬礼。

2）忌讳。韩国人忌讳"4"这个数字，认为此数字不吉利，因其音与"死"相同。因此在韩国没有4号楼，不设第4层，餐厅不排第4桌等。

3）重要节日。韩国的农历节日与我国近似，也有春节、清明节、端午节和中秋节等。自古以来，端午节妇女们还流行一种荡秋千的传统习俗。

4）饮食习惯。韩食以泡菜文化为特色，一日三餐都离不开泡菜。韩国传统名菜烧肉、泡菜、冷面已经成了世界名菜。韩国人在用餐时很讲究礼节，用餐时不随便出声，不边吃边谈，如不注意这些细节，往往会被看不起，引起他人反感。

（3）泰国（Thailand）。泰国的全称是泰王国，位于东南亚中南半岛中部，首都是曼谷。泰国有三种国家性标志物，分别是标志性动物亚洲象、国花金链花和标志性建筑泰式凉亭。泰国是佛教之国，大多数泰国人信奉上座部佛教。佛教徒占全国人口九成以上。男子成年后必须去寺庙至少当3个月的和尚，即使王公贵族也不例外。因和尚穿黄衣，故泰国有"黄衣国"之称。

1）社交礼仪。泰国人的常用礼节是行"合十"礼。行礼时双手举得越高表示越尊敬对方，年纪大或地位高的人还礼时双手可不过胸。一般人递东西都用右手，因为他们认为左手不洁。传递物品时不能把东西扔过去，这样做是不礼貌的行为，不得已这样做了要说"对不起"，别人坐着时，不可把物品越过他的头顶；从坐着的人身边经过时，要略微躬身以示礼貌。

2）忌讳。泰国人特别崇敬佛教和国王，因此不能与他们或当着他们的面议论佛和国王。泰国人忌用红笔签名，因为头朝西和用红笔签名都意味着死亡。泰国人忌讳褐色，而喜欢红色、黄色。

3）重要节日。主要节日有元旦，又称佛历元旦，庆祝非常隆重；水灯节，又称佛兄节（泰历 12 月 15 日，公历 11 月间）；送干节，也叫求雨节（每年 3 月至 5 月）；每年 5 月泰国宫廷还举行春耕礼，这是由国王亲自主持的泰国宫廷大典之一。

4）饮食习惯。泰国的主食是大米，副食是蔬菜和鱼。他们喜欢吃辣味食品，而且越辣越好。泰国人还爱吃鱼露，不爱吃牛肉及红烧食品，食物中不习惯放糖。泰国人爱喝白兰地和苏打水，也喝啤酒、咖啡；饮红茶时爱吃干点心和小蛋糕，饭后喜欢吃水果。

（4）新加坡（Singapore）。新加坡是位于东南亚马来半岛南端的一个城市国家，原意为狮城。新加坡于 1965 年独立后，在 40 余年内迅速成为亚洲四小龙之一，是全球最国际化、最富裕的国家之一。新加坡是个多种族的移民国家，华裔新加坡人信奉佛教，而且很虔诚，有室内诵经的习惯，诵经时切不可打扰他们。印度血统的新加坡人多数信仰印度教。马来血统、巴基斯坦血统的人多数信奉伊斯兰教。当然，还有一些人信奉天主教和基督教。

1）社交礼仪。新加坡人特别讲究礼貌礼节，该国旅游业迅速发展的一个重要原因就是服务质量高。通常的见面礼是鞠躬或轻轻握手，见面行"合十"礼。新加坡的华裔人口众多，他们保留了许多中国古代的传统风俗，尤其在礼节方面，如两人相见时要相互作揖等。马来血统、巴基斯坦血统的人则按伊斯兰教的礼节待人接物。

2）忌讳。新加坡人忌讳紫色、黑色，认为不吉利，黑、白、黄为禁忌色。与新加坡人谈话，不要谈论宗教与政治方面的问题，也不能向他们讲"恭喜发财"等话，因为他们认为这句话有教唆别人发横财之嫌，是挑逗、煽动他人做对社会和他们有害的事。接待新加坡人时，要弄清他们的宗教信仰，谨遵他们的宗教禁忌，可以让他们主动提出要求，不要因不懂其禁忌而失礼。

3）重要节日。华裔新加坡人过春节时，有孩子守岁、大人祭神祭祖、放鞭炮、长辈给孩子压岁钱、走亲访友、迎神、演戏、赶庙会、举行灯会等非常传统的风俗习惯。4 月 17 日为食品节，为全国的法定节日，节日来临时，食品店准备许多精美食品，国人不分贫富，都会购买各种食品合家团聚或邀请亲友，以示祝贺。

4）饮食习惯。主食为米饭、包子等；副食为鱼虾，如炒食鱼片、油炸鱼、炒虾仁等。不信佛教的人爱吃咖喱牛肉，喜爱桃子、荔枝、梨等水果。新加坡人有下午吃点心、早点吃西餐的习惯。

2. 北美国家的风俗习惯

（1）美国（America，USA）。美国位于北美洲中部，是世界上的超级大国，首都为华盛顿，最大城市为纽约，是全球最为领先的城市之一。美国是多文化和多民族的国家，大约有 30％的人信仰基督教，20％左右的人信仰天主教，其他人则信仰东正教、犹太教或佛教等多种宗教。

1）社交礼仪。美国人性格开朗，乐于与人交际，且不拘泥于正统礼节。美国人见面时，不一定以握手为礼，可以笑笑，或说声 Hi（你好）就可以了；分手时他们也是习惯地挥挥手，说声"明天见""再见"。美国人还有接吻礼，但只限于对特别亲近的人，而且只吻面颊。美国重视对妇女的礼仪，充分尊重她们。见面时，如果她们不先伸手，不能抢着要求握手；如她们已伸手，则要立即做出相应的反应，但不能握得又重又紧，长时间不松手。

2）忌讳。美国人忌"13""星期五"等数字，他们还忌蝙蝠作图案的商品和包装，认为这种动物吸人血，是凶神的象征。美国人不提倡人际交往送厚礼，否则有别有所图的嫌疑。

3）重要节日。美国的节日比较多，国庆称为"独立节"，在每年 7 月 4 日；圣诞节是美国人最重视的节日，有两周的假期，是家人团聚的主要节日；感恩节也叫火鸡节，在每年 11 月的第四个星期四举行。定在每年 6 月第三个星期日的父亲节和 5 月 2 日的母亲节都是为了感激父母含辛茹苦养育之恩的传统节日。由于美国文化在世界的影响较大、移民较多，很多节日已传播到其他国家。

4）饮食习惯。美国人的饮食习惯有几个明显的特点：一是忌油腻，喜清淡；二是喜欢吃咸中带甜的食品；三是美国人讨厌奇形怪状的食品，如鳝鱼、鸡爪、海参、猪蹄之类。

（2）加拿大（Canada）。加拿大位于北美洲北部，领土面积为全球第二，自然资源与能源充足，现代化工业科技发达，是全球最富裕、经济最发达、生活品质最高的国家之一。加拿大的国花是枫叶，被称为"枫叶之国"。加拿大是一个移民国家，国民主要是欧洲移民的后裔，以英、法为多，除魁北克省人讲法语外，其他地区人讲英语。大部分加拿大人信仰天主教、基督教。

1）社交礼仪。加拿大人讲究实事求是，与他们交往不必过于自谦，不然会被误认为虚伪和无能。加拿大人通常行握手礼，讲究使用礼貌语言，注重必要的礼节。

2）忌讳。加拿大人一般不喜欢黑色和紫色，还忌讳别人赠送白色的百合花，因为加拿大人只在葬礼上才使用这种花。此外，信奉天主教、基督教的人较多，应注意其宗教的忌讳。

3）重要节日。加拿大人多为欧洲血统，宗教信仰沿袭祖先的崇拜，所以该国的节庆都是西方国家所共有的，如圣诞节、感恩节等。

4）饮食习惯。加拿大人饮食较为科学，不吃胆固醇含量高的动物内脏，也不吃脂肪含量高的肥肉。他们喜爱甜酸的、清淡的、不辣的食品，烹调中不用调料，上桌后由用餐者随意自由选择调味品。

3. 部分欧洲国家的风俗习惯

（1）法国（France）。法国位于欧洲西部，是一个崇尚自由、个性张扬的国度，以时装、红酒、优雅女人和浪漫情怀闻名于世界，首都巴黎是世界著名的时尚浪漫之都。大多数法国人信奉天主教，少数信奉基督教和伊斯兰教。

1）社交礼仪。法国人行接吻礼，但规矩很严格。例如，朋友、亲戚、同事之间只能贴脸或颊，长辈对小辈是亲额头，只有夫妻或情侣才真正接吻。与法国人约会要准时，不准时被认为非常没有礼貌。法国人喜欢有文化价值和艺术水平的礼品，不赠送或接受有明显广告标记的礼品。他们不喜欢听蹩脚的法语。

2）忌讳。法国人忌黄色的花，认为黄色花象征不忠诚；忌黑桃图案，视之为不吉利；忌仙鹤图案，认为仙鹤是蠢汉和淫妇的象征；忌墨绿色，因为纳粹军服是墨绿色。

3）重要节日。国庆节是每年的 7 月 4 日，停战节是每年的 5 月 8 日。法国人还纪念万灵节，也称诸圣节，是每年的 11 月 1 日，是法国人祭奠先人及为国捐躯者的节日。

4）饮食习惯。法国人的口味特点是喜鲜嫩、肥、浓，他们不喜辣味，爱吃冷盘，法国人每天都离不开奶酪。

（2）英国（Britain，England）。英国的全称是大不列颠及北爱尔兰联合王国，由英格兰、苏格兰、威尔士和北爱尔兰组成，是一个位于欧洲西部大不列颠群岛的君主立宪制国家。18 世纪至 20 世纪初期统治的大英帝国领土跨越全球，成为当时最强盛的国家。现在，英国仍然在世界范围内拥有强大影响力，首都伦敦是欧洲最大的城市之一。绝大部分人信奉基督教，只有北爱尔兰地区的一部分居民信奉天主教。

1）社交礼仪。英国人重视礼节和自我修养，重视行礼时的礼节程序，并且注重别人对自己是否有礼。英国人较注意服饰打扮，男人应有勇气、礼貌和责任感，"绅士道"成为英国精神的内涵。与英国人闲谈最好谈天气等，不要谈论政治、宗教和有关皇室的小道消息。

2）忌讳。英国人对数字除忌"13"外，还忌"3"。与英国人交谈时，坐姿应避免两腿张得过宽，更不能跷起二郎腿，站立时不可把手插入衣袋。不要当着英国人的面耳语，不能拍打肩背。英国人讨厌孔雀，认为它是祸鸟，把孔雀开屏视为自我炫耀和吹嘘。他们忌送百合花，认为百合花意味着死亡。英国人忌用人像做商品装饰，忌用大象图案，因为他们认为大象是蠢笨的象征。

3）重要节日。英国除了宗教节日外还有不少全国性和地方性的节日。国庆和新年之夜是最热闹的。英国国庆按历史惯例定在英王生日那一天。

4）饮食习惯。英国人饮食口味喜清淡酥香，不爱辣味。

（3）俄罗斯（Russia）。俄罗斯地跨欧亚两大洲，是世界上领土面积最大的国家，拥有世界最大储量的矿产和能源资源，是世界第二军事强国。俄罗斯的首都是莫斯科，国花是向日葵。俄罗斯人主要信仰正东教，这是该国的国教。

1）社交礼仪。俄罗斯人与人相见，开口先问好，再握手致意，朋友间行拥抱礼并亲面颊。他们与人相约时讲究准时。俄罗斯人认为给客人吃面包和盐是最热情的表示。

2）忌讳。与俄罗斯人初次结识忌问对方私事，他们忌在背后议论第三者，不能问妇女的年龄。

3）重要节日。主要节日有圣诞节、洗礼节和旧历年等。

4）饮食习惯。俄罗斯人偏爱酸、甜、咸和微辣口味的食品。俄罗斯人喜欢喝酒，酒量很大，而且喜爱烈性酒，可能与其国家气候寒冷等因素有关。

三、港、澳、台地区的风俗习惯

（1）社交礼仪。港、澳、台地区的风俗习惯与内地基本一致，并且更为传统。他们重视礼貌礼节，见面通行握手礼。因信佛教者较多，所以行"合十"礼和呼"阿弥陀佛"的情况比较常见。

（2）忌讳。港、澳、台同胞忌讳说不吉利的话，喜欢讨口彩。香港人特别忌"4"字，因其谐音为"死"。若遇说"4"的情况，可改说成两双，他们听了乐意接受。

他们过年时喜欢别人说"恭喜发财"之类的恭维话，不说"新年快乐"，"快乐"音近"快落"，他们认为不吉利。

（3）重要节日。港、澳、台地区注重过中国传统的农历节日，如清明节、端午节、春节等，节庆时期的民族风情比内地浓厚，过节时要祭神、祭祖，其形式、规矩讲究较多。现在由于受西方文化的影响，许多人也习惯过西方的圣诞节、情人节等节日。

（4）饮食习惯。港、澳、台同胞的饮食习惯和祖国大陆基本相仿。台湾主要为闽南风味的饮食，香港、澳门偏于潮汕风味。现在许多人回内地探亲访友、旅游观光时喜吃家乡菜和各地传统的风味小吃。一般喜欢品尝有特色的名菜、名点，爱喝"茅台"一类的名酒，以及"龙井""铁观音"等名茶。

学习单元5　顾客资料卡

【学习目标】

1. 掌握制作和填写顾客资料卡的方法。

2. 能够制作和填写美容院顾客资料卡。

【知识要求】

一、制作顾客资料卡

1. 制作顾客资料卡的意义

在美容院的专业咨询过程中，顾客资料卡的填写是很重要的，可以建立良好的品牌形象和企业形象，展示专业性和严谨性，培养顾客的向心力和忠诚度。制作顾客资料卡的意义主要在于以下三方面：

（1）详细记录顾客的基本信息资料，以增加对顾客的了解，并及时通过电话、电子邮件等联系方式与顾客联系，进行回访，拉近与顾客之间的距离。

（2）详细记录顾客初到美容院时的皮肤状况和身体状况，为制定护理方案、选择产品和推荐居家护理建议提供了依据，也为展开服务项目奠定了基础。

（3）详细记录顾客每次护理前后的皮肤状况，有利于护理效果的跟踪和及时修正护理方案，做到对顾客负责、让顾客放心，建立双向沟通的渠道，掌握消费趋势。

2. 制作顾客资料卡的方法

顾客资料卡可以根据本店的具体情况设计，主要包括顾客基本信息、皮肤状况、身体健康状况、护理习惯、护理建议、护理产品和服务消费记录等几个方面。表2—13为顾客资料卡制作举例，内容形式仅供参考。

表 2—13　　　　　　　　　　　　　顾客资料卡

编号：　　　　　　　　　　　　　　　　　　　　　　建卡日期：

顾客基本信息

姓名：		性别：		出生日期：　　年　月　日

联系方式：			婚姻状况：	血型：

邮寄地址：			职业：	

E-mail：

皮肤综合分析

皮肤类型	□混合型　□干性　□油性　□敏感性　□中性
肤色	□白皙　□红润　□偏黄　□偏黑　□苍白　□晦暗　□有光泽
肤质	□光滑　□粗糙
弹性	□紧致　□松弛　□下垂
额头情况	□粉刺　　□暗疮　　　□油脂　　　□皱纹　　　□暗疮印
鼻子情况	□黑头　□暗疮　□多油脂　□毛孔粗大　□深浅雀斑　　□白头粉刺
下巴位置	□粉刺　□黑头　□暗疮　　□暗疮印
面颊情况	□毛孔粗大　□粉刺　□暗疮　□有暗疮印　□深浅黑斑 □红血丝　□丘疹
眼部情况	□鱼尾纹　　□横皱纹　　□松弛　　□黑眼圈　　□眼袋 □浮肿　□脂肪粒
皮肤问题	□痤疮　□色斑　□老化　□敏感　□过敏　□毛细血管扩张 □晒伤　　□瘢痕　□风团　□红斑　□萎缩

身体健康状况

身体症状	□头痛　　□头晕　　□胸闷　　□手脚麻　　□手脚凉　　□肢体酸痛 □血脂异常　□便秘　□腹胀　□口气重　□慢性腹泻
女性状况	□月经期紊乱　□月经有块状　□乳房胀痛　□痛经 □肥胖　□潮热　□烦躁 □怀孕期　□哺乳期　□口服避孕药 □药物过敏＿＿＿＿＿＿＿＿＿＿＿＿ □手术＿＿＿＿＿＿＿＿＿＿＿＿＿
生活习惯	□每天运动少于半小时　　□长期久坐　　□经常半夜12点后睡 □抽烟　□酗酒　□每天面对计算机4小时以上
饮食结构	□不吃早餐　□偏食　□常食油腻　□重盐重糖　□喜食甜食 □晚餐时间较晚　□喜欢冰饮

续表

医院确诊的疾病或需要特别说明的健康问题

护理习惯	
洁肤品	□卸妆油　□卸妆乳　□洗面乳　□洁面皂
日常护肤品	□化妆水　□乳液　□营养霜　□精华素 □眼霜　　□防晒霜　□其他
常用化妆品	□粉底液　□粉饼　□散粉　□眼影　□腮红 □睫毛膏　□唇膏　□其他
护理方案	
护理原则	
护理产品	
护理方案	
居家护理建议	

护理记录						
日期	项目	护理前皮肤状况	主要程序及产品	护理后皮肤状况	美容师签名	顾客签名

备注

（记录顾客的要求、评价及购买产品等相关事项）

二、填写顾客资料卡

1. 填写顾客资料卡时要字迹清晰，不可随意涂改。

2. 填写内容要及时、准确、真实、详细。

3. 填写资料卡前应向顾客讲清填写的目的和意义，以取得顾客的积极配合，但要尊重顾客的意愿，不可强制记录。

4. 对皮肤状况的分析和记录应清楚、明确，运用美容师、咨询师的专业知识进行判断，并可适当采用仪器检测，力求客观。对分析结果和提供的建议要及时记录并向顾客反馈。

5. 认真记录护理项目的名称、使用产品、采用方法等，并请美容师和顾客签名。

6. 顾客资料卡要有专人管理，以防遗失。按照编号顺序统一装订，并可将信息输入计算机顾客管理系统，方便管理。

7. 美容师等工作人员应为顾客保守秘密，如顾客的年龄、电话、地址、邮件、美容项目及消费金额等都属于保密范畴，不可随意让别人翻看。

学习单元6　制定面部皮肤护理方案

【学习目标】
1. 掌握常见皮肤类型的分析与检测。
2. 掌握常见问题皮肤的分析与检测。
3. 掌握制定常见皮肤类型和问题皮肤护理方案的方法。

【知识要求】

一、常见皮肤类型的分析与检测

1. 中性皮肤的分析与检测
中性皮肤的检测方法和表现特征见表2—14。

表2—14　　　　　　　　　中性皮肤的检测方法和表现特征

检测方法	表现特征
肉眼观察法	皮肤细嫩、不油不干、肤色均匀、红润、有光泽。用美容放大镜观察可见毛孔细小，皮肤纹理清晰
手指触摸法	皮肤光滑不粗糙，紧致有弹性
美容透视灯观察法	皮肤大部分为均匀的紫色，小面积为橙黄色荧光块
光纤显微仪检测法	表皮纹理清晰、整齐、紧实，没有松弛、老化迹象；真皮无脂肪粒和褐斑

2. 油性皮肤的分析与检测

油性皮肤多出现于青春期，由于皮脂腺分泌旺盛，皮肤呈现油腻光亮的状态，尤其是额头、鼻翼、下颌部油腻更为明显，毛孔粗大，鼻部有黑头，皮肤偏碱性，pH 值为 5.6～6.6。由于皮肤细胞新陈代谢旺盛，导致老化角质堆积，皮肤外观可呈暗黄色，皮肤质地厚硬且粗糙。但是油性皮肤弹性较佳，不易产生皱纹和下垂。超油性皮肤可出现粉刺、丘疹、脓疱、囊肿、结节等皮损，发展成为痤疮皮肤。油性皮肤的检测方法和表现特征见表 2—15。

表 2—15　　　　　　　　　油性皮肤的检测方法和表现特征

检测方法	表现特征
肉眼观察法	皮肤油腻光亮，纹理粗糙，毛孔粗大。肤色暗黄且不均匀
手指触摸法	皮肤粗糙不光滑，皮肤较厚，有弹性
美容透视灯观察法	皮肤上可见大片橙黄色荧光块
光纤显微仪检测法	表皮油光，纹理不清晰，毛孔可有阻塞；真皮油光、湿润，可有脂肪粒

3. 干性皮肤的分析与检测

干性皮肤多出现在皮肤衰老的过程中，主要特点是皮肤水分、油分均较少，皮肤呈现干燥、没有光泽的状态。干性皮肤一般较为细腻，毛孔细小，皮肤薄且缺乏弹性，pH 值为 4.5～5，易脱皮、长斑和皱纹。干性皮肤的检测方法和表现特征见表 2—16。

表 2—16　　　　　　　　　干性皮肤的检测方法和表现特征

检测方法	表现特征
肉眼观察法	皮肤干燥，毛孔细小，色暗，没有光泽。用美容放大镜观察可见皮丘平坦，皮沟呈直线走向，浅、乱而广
手指触摸法	皮肤细腻，但较薄，松弛，缺乏弹性
美容透视灯观察法	皮肤大部分呈淡紫蓝色，少量为橙黄色或白色荧光小块
光纤显微仪检测法	表皮纹理浅而清楚、细致，但无湿润感；真皮中可有褐斑，无脂肪粒

4. 混合性皮肤的分析与检测

混合性皮肤兼有油性皮肤和干性皮肤的特点，面部前额、鼻部、口周、下巴等部位被称为 T 区，呈油性状态；眼周皮肤及脸颊被称为 U 区，呈干性状态。混合性皮肤多见于 25～35 岁的年轻人，表现为 T 区油亮，毛孔粗大，鼻部有黑头，U 区的眼周和脸颊部位干燥，严重者可出现脱屑、泛红、敏感等问题。混合性皮肤的检测方法和表现特征见表 2—17。

表 2—17　　　　　　　　　混合性皮肤的检测方法和表现特征

检测方法	表现特征
肉眼观察法	T区油亮，毛孔粗大，鼻部有黑头，额头、下巴可出现小粉刺；U区的眼周和脸颊皮肤干燥，严重者可出现脱屑、泛红、敏感等现象
手指触摸法	T区皮肤较厚且粗糙，U区皮肤干涩且薄
美容透视灯观察法	T区呈现出少许橙黄色荧光块，脸颊偏深紫色
光纤显微仪检测法	T区纹理不清晰，有油光，可有脂肪粒；眼周及脸颊纹理明显，无油光

二、常见问题皮肤的分析与检测

1．痤疮皮肤的分析与检测

（1）痤疮皮肤的特点。痤疮是发生于皮肤毛囊皮脂腺的慢性炎症性疾病，多发于15～30岁青年男女。皮损主要发生在面部，以额部、鼻部、双颊及颏部为多，还可见于背部、胸部和肩部，皮损以粉刺、丘疹、脓疱、囊肿、结节、色素沉着、凹洞等为主。

（2）痤疮皮肤分析。痤疮的发生与患者雄激素旺盛、局部痤疮丙酸杆菌感染等多种因素相关。初期主要为白头粉刺和黑头粉刺，表现为与毛囊一致的圆锥形丘疹，可挤出白色半透明的脂栓或顶端呈黑色的脂栓。之后可发展成为炎性丘疹，顶端有米粒大小的脓疱，此时皮损常伴有疼痛。炎症继续发展，可形成大小不等的结节或囊肿，严重者形成大的脓疡或窦道。各种损害大小、深浅不等，常以其中一到两种损害为主。严重者愈后可留下炎症后色素沉着、瘢痕和凹洞。

相关链接

中医对痤疮的认识

　　痤疮属中医"肺风粉刺"范畴，古代医书中有颇多记载。成书于两千多年前的《黄帝内经》中对痤疮已有论述，《素问·生气通天论篇》曰："汗出见湿，乃生痤弗。""劳汗当风，寒薄为皶，郁乃痤。"晋·葛洪《肘后备急方》云："年少气充，面生疱疮。"隋·巢元方《诸病源候论·面疱候》中记载："面疱者，谓面上有风热气生疱，头如米大，亦如谷大，白色者是也。"《外科正宗》曰："肺风、粉刺、酒渣鼻三名同种，粉刺属肺、酒渣鼻属脾，总皆血热郁滞不散。"《医宗金鉴·外科心法》谓："肺风粉刺，此症由肺经血热而成，每发于鼻面，起碎疙瘩，形如黍屑，色赤肿痛，破出白粉汁。日久皆成白屑，宜内服枇杷清肺饮，外敷颠倒散，缓缓自收功也。"这些古代论述揭示了痤疮的发病特点和病因、病机，即病位在肺，多为肺热及血热郁滞肌肤，或过食膏粱厚味，致使脾胃积热，上蕴肌肤，或肌肤不洁，热毒雍盛所致。现代临床将此病分为肺经风热、热毒炽盛、脾胃湿热、肝气郁结、肝肾阴虚等类型，采用清热、解毒、化湿、疏肝、化瘀、滋阴等方法进行内服外用的治疗，标本兼顾，安全有效。

（3）痤疮皮肤的检测方法和表现特征见表2—18。

表2—18 痤疮皮肤的检测方法和表现特征

检测方法	表现特征
肉眼观察法	痤疮皮肤可见皮肤油腻，额部、鼻部、双颊及下颌部散发粉刺、丘疹、脓疱、囊肿、结节、色素沉着、瘢痕、凹洞等皮损
手指触摸法	皮肤质地油腻、粗糙、凹凸不平，触摸发作期的脓疱会产生痛感
美容透视灯观察法	粉刺皮脂部位呈橙黄色，脓疱化脓部位呈淡黄色
光纤显微仪检测法	表皮红肿发炎，可见白色小脂肪粒或顶部色黑的脂肪团；脓疱部位真皮周围呈红褐色微血管扩张，中点呈黑色

2. 色斑皮肤的分析与检测

（1）色斑皮肤的特点。色斑是指发生于面部皮肤的色素沉着性皮肤病。常见的色斑有黄褐斑、颧部褐青色痣、雀斑、老年斑等，不同类型的色斑发病年龄差异加大。例如，雀斑可于3～5岁发生，老年斑一般出现于中老年人，以上两种问题男女均可发生；黄褐斑和颧部褐青色痣多发于中青年女性。色斑的主要表现是点状或斑片状的色素沉着，除老年斑外，一般不高于皮肤，有明显的边界，无明显自觉症状。

（2）色斑皮肤分析。色斑是由黑色素生成增多、代谢减慢，在表皮或真皮聚集而成。黑色素生成增多主要与患者内分泌失调、营养不良、体质偏酸及日光紫外线照射等因素相关。常见色斑的形成原因见表2—19。

表 2—19　　　　　　　　　　　　　　常见色斑分析表

色斑	皮损表现	形成原因
黄褐斑	对称分布于两颊、颧部、额部，形状不规则，呈淡褐色或淡黑褐色斑片，不高出皮肤，病程缓慢，无自觉症状	黄褐斑的发生与内分泌失调、日晒等因素有关。雌激素、孕激素变化可导致色素沉着，妊娠期妇女、围绝经期女性易发生，长期日晒、精神抑郁、睡眠不足、疲劳、营养不良等也是诱发因素
颧部褐青色痣	对称分布于两颊、颧部，呈深褐色或青黑色斑点，不高出皮肤，病程缓慢，无自觉症状	颧部褐青色痣的发生原因与黄褐斑较为相似，与内分泌失调、日晒等因素有关。颧部褐青色痣的黑色素沉积位置较黄褐斑深，可到真皮层，因此色斑局限且色深
雀斑	对称分布于皮肤暴露部位，面部双颊、鼻部发作较多，也可发于肩部、背部，呈棕褐色或淡黑色大小的圆形或卵圆形斑点，表面光滑，不高出皮肤，无自觉症状	雀斑的发生常与染色体遗传有关，日光紫外线照射可诱发或加重色素沉着，使雀斑增加
老年斑	现称为脂溢性角化，可出现于面部，也可发生于手背及前臂等日光暴露部位，呈褐黑色，大小不等，不对称分布，部分高于皮肤	老年斑的发生是人体内抗氧化能力降低的表现之一，是脂褐质在皮肤中沉积，被真皮中色素细胞吞噬，积蓄在皮肤下形成，日光紫外线照射可以加速过氧化反映，使脂褐质生成增加

（3）色斑皮肤的检测方法和表现特征见表 2—20。

表 2—20　　　　　　　　　　色斑皮肤的检测方法和表现特征

检测方法	表现特征
肉眼观察法	面部的脸颊、鼻部、颧部、额部、下颌等出现褐色或青黑色色素沉着斑，可呈点状、斑片状，一般无自觉症状
手指触摸法	色斑患者一般皮肤较干燥、细腻，雀斑、黄褐斑、颧部褐青色痣不高出皮肤，老年斑可高出皮肤，抚之碍手
美容透视灯观察法	色素沉着部位呈褐色、暗褐色
光纤显微仪检测法	表皮呈咖啡色，深浅不一；真皮呈整片或点状黄色、咖啡色

3. 衰老皮肤的分析与检测

（1）衰老皮肤的特点。从 25～30 岁以后，皮肤逐渐衰老。其衰老的主要特征是：肌肤组织功能减退，弹性减弱，无光泽、皮下组织减少、变薄，皮肤松弛、下垂、皱纹增多，皮肤表面出现不规律的色素沉着，皮肤敏感。

（2）衰老皮肤分析。皮肤衰老是人体衰老的一个部分，是一种自然规律，也是不可避免的。现代医学认为，人体在自由基的破坏、内分泌失调及营养缺乏或障碍等因素影响下，各器官和系统在功能和组织上逐渐衰退，走向衰老。皮肤在人体的最外层，除了受到自然衰老和内脏组织器官的影响之外，还有很多加速皮肤衰老的因素，如过多及过于丰富的面部表情、长期失眠或睡眠不足、长期在光线暗的环境下工作、长期节食减肥、化妆品使用不当、吸烟、酗酒及日光紫外线照射等。

（3）衰老皮肤的检测方法和表现特征见表2—21。

表2—21　　　　　　　　　　　衰老皮肤的检测方法和表现特征

检测方法	表现特征
肉眼观察法	面部皮肤松弛、下垂，眼角、额头、眉心等出现皱纹，毛孔细小，肤色黯淡，缺少光泽，可出现点状或斑片状色素沉着
手指触摸法	皮肤变薄，纹理变浅，较为细腻，没有弹性
美容透视灯观察法	由于皮肤干燥，可呈青紫色，斑点呈褐色
光纤显微仪检测法	由于皮肤萎缩紧绷，表皮无明显纹理；真皮纹理宽大，有微血管扩张，无脂肪粒，可有褐斑

4. 敏感皮肤的分析与检测

（1）敏感皮肤的特点。敏感皮肤比较脆弱，皮肤较薄，毛细血管隐约可见，干燥缺水。遇冷、热、风、日光照射，情绪变化，摩擦等刺激时，皮肤可出现泛红、发热、丘疹、瘙痒等表现，严重者出现肿胀、水疱等症状。

（2）敏感皮肤分析。敏感皮肤受到先天遗传和体质、后天保养不当、精神紧张、环境刺激等因素影响，皮脂分泌较少，保湿能力弱，角质层较薄且多是未完全角化的角质细胞，使皮肤防御机能衰退，容易受到外界影响而产生过敏等反应。根据敏感皮肤反应的原理，可以分为以下三个方面：

1）过敏反应（即超敏反应）：皮肤紧绷、发痒，有刺痛感，干燥、粗糙，易出现红斑，有过敏倾向或已出现过敏症状。遇到花粉、灰尘、粉末、植物、食品、金属、紫外线、酒精等易过敏。

2）毛细血管扩张：皮肤薄，毛细血管表浅，遇冷、热、风、日晒，食用冷热饮料、辛辣食品，或在运动后、情绪变化时，皮肤发红、发烫。

3）皮肤缺水：皮肤干燥、脱屑，水分、油分不平衡，皮肤表面产生细纹，皮肤易松弛老化。

（3）敏感皮肤的检测方法和表现特征见表2—22。

表 2—22   敏感皮肤的检测方法和表现特征

检测方法	表现特征
肉眼观察法	皮肤毛孔紧闭细致，表面干燥缺水，皮肤薄，隐约可见微细血管和不均匀潮红
手指触摸法	皮肤薄，粗糙
美容透视灯观察法	皮肤可呈紫色
光纤显微仪检测法	表皮发炎红肿，角质层薄，毛细血管表浅；真皮部发红

5. 毛细血管扩张皮肤的分析与检测

（1）毛细血管扩张皮肤的特点。皮肤毛细血管扩张主要表现为皮肤或黏膜表面的毛细血管、细动脉和细静脉呈持续性细丝状、星状或蜘蛛网状扩张，形成红色或紫色点状、斑状、线状、星状损害。任何年龄都可发生，一般不能自行消退，身体任何部位都可发生，面部毛细血管扩张较为常见。

（2）毛细血管扩张皮肤分析。皮肤毛细血管扩张的原因很多，主要有原发性和继发性两大类：原发性多见于先天性毛细血管扩张性大理石皮肤、遗传出血性毛细血管扩张症、蜘蛛状毛细血管扩张等，一般病因不明；继发性毛细血管扩张是美容护理中常见的，多继发于其他疾病或某些理化因素，常见的原因有以下六种：

1）地域气候因素：如干燥、多风、日照强烈的高原气候，还有长期气温较低的高寒气候，以及风沙、阳光暴晒的气候等。

2）职业因素：长期暴露于日光照射或工作环境温度较高的工作，如海员、农民、运动员、厨师、电焊工、炼钢工人等。

3）化妆品因素：如长期使用含有糖皮质激素的外用药品、含有酸性成分较多的化妆品或含有致敏物质的化妆品，易出现皮肤毛细血管扩张。

4）疾病因素：日光性皮炎、酒渣鼻、红斑狼疮、皮肌炎、硬皮病、甲状腺功能亢进、接触煤焦油损伤及血管瘤、血管纤维瘤等。

5）不良生活习惯：长期饮酒。

6）损伤性美容护理：过度的"换肤"、皮肤磨削等。

（3）毛细血管扩张皮肤检测。毛细血管皮肤根据典型皮损表现就可以判断。继发性毛细血管扩张常发生于面部、颈部等暴露部位，尤其是面颊中部、鼻部，呈线状、树枝状、直径为 0.1～1 mm 的毛细血管扩张，呈红色或紫色。

6. 日晒伤皮肤的分析与检测

（1）日晒伤皮肤的特点。日晒伤又称为日光性皮炎，是正常皮肤在过度阳光照射后产生的局部皮肤急性光毒性反应。

（2）日晒伤皮肤分析。日晒伤的发生主要与大量的紫外线照射有关。如果皮肤接受了超过耐受量的以 UVB 为主的紫外线后，表皮角质形成细胞会坏死，细胞中的蛋白质和核酸会吸收大量紫外线，并产生一系列的光生物化学反应，释放多种活性物质，如组胺、前列腺素等，引起血管扩张、细胞浸润等炎症反应。发病情况与日光照射强度、时间及个体皮肤敏感状况等因素有关。

（3）日晒伤皮肤检测

诊断是否为日晒伤主要有两个要素：一是强烈的日光暴晒史；二是皮损表现，即局部皮肤出现红肿或水疱，自觉灼烧感或疼痛等。

三、制定面部皮肤护理方案

1. 制定面部皮肤护理方案的基本要求

面部皮肤护理方案是美容师或咨询师根据皮肤分析结果制定的，是美容师实施操作的重要依据。制定方案主要有以下基本要求：

（1）制定皮肤护理方案要以基本程序为依据，但切忌生搬硬套，应根据顾客的特点进行个性化设计。尤其是对于问题性皮肤，应在面部皮肤基础护理程序的基础上做相应的调整。例如，对敏感性皮肤顾客设计护理方案，如果顾客正处于急性过敏期，必须省去"脱角质"这一步骤。

（2）设计护理流程时，应注意操作步骤的合理性和科学性，操作方法应正确、规范，对于较为复杂的综合性问题皮肤应格外慎重，可提交更高级别的美容师进行处理。

（3）用语简洁、表达准确，尽量用美容专业术语，避免使用大概、左右等模糊或容易引起歧义的语言。填写时字迹要清晰，不可随意涂改。

（5）护理方案应一式两份：一份交给护理美容师按方案进行操作，另一份留底归档保存。家庭护理计划可单独打印出来，交给顾客带回家。

（6）皮肤会随着环境、气候、季节及顾客健康状况的改变而变化，因此，护理方案也应根据顾客的皮肤状况、身体状况及季节变化做出相应的调整。

2. 制定皮肤护理方案的步骤与方法

（1）顾客基本信息。填写基本信息是为了后续跟踪服务的需要，主要包括顾客的姓名、性别、出生年月、联系电话、邮寄地址、邮箱、职业等。

（2）皮肤状况分析。填写顾客的皮肤状况是制定最佳皮肤护理方案的基础和重要保障，主要包括皮肤类型、皮肤的主要问题、部位及产生问题的原因等。

（3）护理方案（或护理计划）。根据以上基本信息的收集与了解，美容师可提供给顾客一套全方位的护理方案，以利于美容问题的解决，主要包括护理项目、重点解决的皮肤问题、使用的产品等。

（4）护理方案实施状况

1）认真记录每一次护理的时间、项目、金额、特殊情况等，并请顾客签字确认。

2）认真记录每一次专业护理前后的皮肤变化，有利于及时修正护理方案。

3）认真记录顾客的每一次购买产品记录，有利于指导顾客进行正确的家庭保养及消费。

面部皮肤护理方案见表 2—23。

表 2—23　　　　　　　　　　　　面部皮肤护理方案

编号：　　　　　　　　　　　　　　　　　　　　　　填写日期：

顾客基本信息

姓名：		性别：		出生年月：

联系电话：		E-mail：	

皮肤状况分析

皮肤特点：（从肤色、肤质等方面描述）

皮肤类型：

皮肤问题：

产生原因：（简单分析并记录）

护理方案

护理项目：

重点解决的皮肤问题：

使用的产品及仪器：

方法及步骤

步骤	使用产品	使用仪器	操作说明

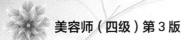
续表

护理方案实施记录

次数	护理状况	美容师签名	顾客签名
家庭护理计划			
日间护理建议：			
晚间护理建议：			
每周护理计划：			
保养建议：			

第3章

美容医学常识

学习单元 1　骨骼与肌肉

【学习目标】

1. 熟悉躯干骨和下肢骨的名称、部位。
2. 熟悉躯干肌肉和下肢肌肉的名称、部位。

【知识要求】

一、躯干骨和下肢骨

1. 躯干骨

躯干骨包括椎骨、胸骨和肋骨，如图 3—1 所示。

椎骨由上而下依次分为颈椎（7 个）、胸椎（12 个）、腰椎（5 个）、骶骨（1 个）、尾骨（1 个），因此成人的椎骨总数一般为 26 块。24 块椎骨、1 块骶骨、1 块尾骨借韧带、椎间盘和关节联结而组成脊柱，如图 3—2 所示。

从侧面观，脊柱有 4 个生理弯曲，即颈曲、胸曲、腰曲和骶曲，颈曲和腰曲凸向前，胸曲和骶曲凸向后。脊柱的生理弯曲增强了其弹性，使脊柱能够前屈、后伸、侧屈和旋转，减轻行走、跳跃等运动对脑及内脏器官的冲击与震荡。

胸骨是扁骨，形似短剑，分柄、体、剑突三部。胸骨柄上缘中部微凹，叫颈静脉切迹，其两侧有锁骨切迹。胸骨柄侧缘接第一肋软骨。下缘与胸骨体连接处微向前突，称胸骨角，两侧恰与第二肋软骨相关，所以是确定肋骨序数的重要标志。

肋骨属扁骨，共 12 对，左右对称。第一至七肋称为真肋；第八至十二肋称为假肋，第八至十肋借肋软骨相连，形成肋弓，第十一、十二肋前端游离，又称浮肋。胸骨和肋骨和胸椎联合形成胸廓，如图 3—3 所示。

胸廓呈前后略扁的圆锥形，上窄下宽。肋骨间为肋间隙，由肋间肌封闭。胸廓具有保护胸腔器官、参与呼吸运动等功能。

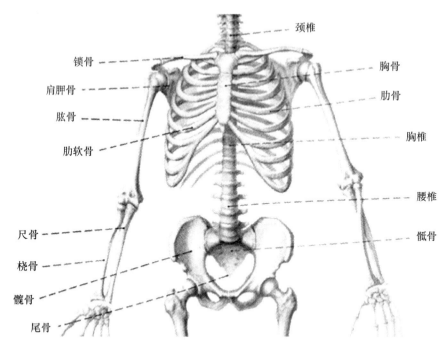

图 3—1　躯干骨

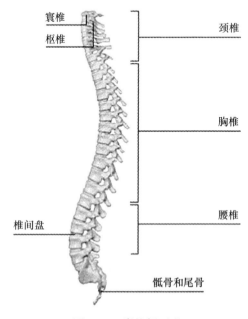

图 3—2　脊柱侧面观

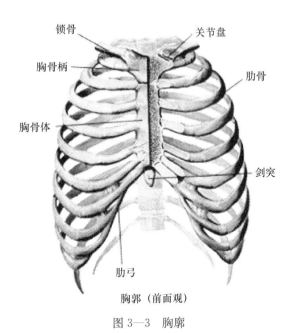

图 3—3　胸廓

胸廓上口由第一胸椎、第一肋、胸骨的颈静脉切迹围成，向前下倾斜。

胸廓下口由第十二胸椎、十二肋、十一肋、肋弓、剑突围成，膈肌就是附着于胸廓下口周围的骨面。

2. 下肢骨（见图 3—4、图 3—5 和表 3—1）

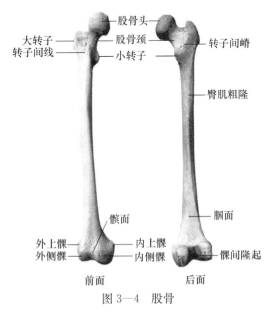

图 3—4　股骨

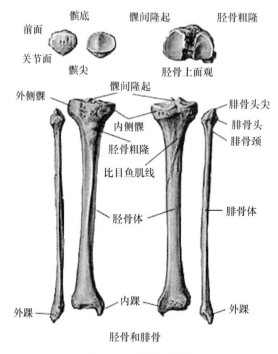

图 3—5　胫骨和腓骨

表 3—1 下肢骨骼

下肢骨骼名称	数量	位置	特点
髋骨	左右各1	位于臀部	属不规则骨，幼年时分为三部分，即髂骨、坐骨、耻骨，15～16 岁时合而为一
股骨	左右各1	位于大腿部	人体中最大和最长的长骨
髌骨	左右各1	位于股骨下端髌面上	人体中最大的籽骨
胫骨	左右各1	位于小腿内侧	小腿主要的负重骨
腓骨	左右各1	位于小腿外侧	细而长，不直接负重

二、躯干肌肉和下肢肌肉

1. 躯干肌肉

躯干肌内分为背肌、胸肌、膈肌、腹肌和会阴肌。下面简要介绍一下前四部分。

（1）背肌。背肌包括背浅肌和背深肌，背浅肌均起自脊柱的不同部位，止于上肢带骨或自由上肢骨，包括斜方肌、背阔肌、肩胛提肌和菱形肌。背深肌包括竖脊肌和头夹肌，如图 3—6 所示。

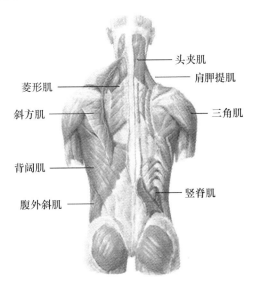

图 3—6　背肌

背肌的起止点及作用见表 3—2。

表 3—2　　　　　　　　　　　　背肌的起止点及作用

名称	起点	止点	作用
斜方肌	上项线、枕外隆突、项韧带、全部胸椎棘突	锁骨外 1/3、肩峰、肩胛冈	拉肩胛骨向中线靠拢
背阔肌	下 6 个胸椎棘突、全部腰椎棘突、髂嵴	肱骨小结节嵴	肩关节后伸、内收及内旋
肩胛提肌	上位颈椎横突	肩胛骨内侧角	上提肩胛骨
菱形肌	下位颈椎和上位胸椎棘突	肩胛骨内侧缘	上提和内牵肩胛骨
竖脊肌	骶骨背面和髂嵴后部	上位椎骨的棘突、横突和肋骨及枕骨	伸脊柱、仰头
头夹肌	项韧带下部、第七颈椎棘突和上部胸椎	颞骨乳突和第一至三颈椎横突	单侧收缩使头转向同侧，两侧收缩使头后仰

（2）胸肌。胸肌包括胸上肢肌（胸大肌、胸小肌）和胸固有肌两群，参与构成胸壁。主要胸肌的起止点及作用见表 3—3。

表 3—3   主要胸肌的起止点及作用

名称	起点	止点	作用
胸大肌	锁骨内侧半，胸骨，第一至六肋软骨	肱骨大结节嵴	内收、内旋及屈肩关节
胸小肌	第三至五肋骨	肩胛骨的喙突	拉肩胛骨向前下方

    胸固有肌包括肋间外肌、肋间内肌、胸横肌，相互协调，提降肋骨，以助呼吸。

    （3）膈肌。膈肌是指位于胸腹腔之间，向上膨隆的阔肌。膈肌的作用是帮助呼吸。

    （4）腹肌。腹肌位于胸廓与骨盆之间，参与腹壁的构成，主要包括腹直肌、腹外斜肌、腹内斜肌肉。腹肌的起止点及作用见表 3—4。

表 3—4   腹肌的起止点及作用

名称	起点	止点	作用
腹直肌	耻骨嵴	胸骨剑突、第五至七肋软骨	脊柱前屈，增加腹压
腹外斜肌	下 8 肋外面	白线，髂嵴、腹股沟韧带	脊柱前屈、侧屈、旋转；增加腹压
腹内斜肌	胸腹筋膜，髂嵴、腹股沟韧带	白线	

    胸肌、腹肌如图 3—7 所示。

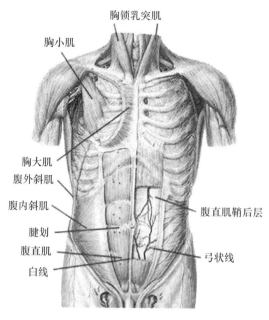

胸锁乳突肌

胸小肌

胸大肌

腹外斜肌

腹内斜肌

腱划

腹直肌

白线

腹直肌鞘后层

弓状线

图 3—7 胸肌、腹肌

2. 下肢肌肉

下肢肌肉起止点及作用见表3—5。

表3—5   下肢肌肉起止点及作用

肌肉		起点	止点	作用
髂腰肌		髂肌：髂窝 腰大肌：第一至四腰椎	股骨小转子和髋关节囊	屈曲外旋大腿、骨盆躯干前屈
腰小肌		第十二胸椎体和第一腰椎椎体侧面	髂耻隆起	侧屈躯干
臀大肌		骶尾骨背面、髂骨翼外面	股骨臀肌粗隆、髂胫束	后伸外旋大腿、防止躯干前倾
缝匠肌		髂前上棘	胫骨上端内面	屈大腿、内旋小腿
胫骨前肌		胫骨外面上2/3及临近骨间膜	第一楔骨和第一跖骨底	足背屈、内翻和内收
胫骨后肌		胫骨后面及骨间膜上2/3	舟骨粗隆、第一、二、三楔骨	足内翻、跖屈
股四头肌	直	直头：髂前下棘 反折头：髋臼上部	四个头通过髌骨借髌韧带止于胫骨粗隆	伸小腿、屈大腿
	外	粗线外侧唇		
	中	股骨干		
	内	粗线内侧唇		
股二头肌		长头：坐骨结节 短头：股骨粗线中部	腓骨头	屈小腿、伸大腿、小腿外旋
腓骨长肌		腓骨上2/3外面	第一楔骨和第一跖骨底外面	足外方及跖屈
腓骨短肌		腓骨下2/3外面	第五跖骨粗隆	

学习单元2　经络与穴位

【学习目标】
1. 掌握经络系统的组成、作用、命名，以及经络与美容的关系。
2. 掌握十四经脉的循行、走向与功能。
3. 掌握身体常用穴位的位置与功能。

【知识要求】

一、经络概述

经络是中医美容的基础，针灸美容、气功美容、按摩推拿均以经络学说为基础。它不仅是针灸、推拿、气功等学科的理论基础，而且对指导美容实践有十分重要的意义。经络是经脉与络脉的总称。经络遍布全身，是人体气、血、津液运行的主要通道，是人体各个部分之间互相联结的途径，起沟通内外、贯穿上下、联系左右前后、网络周身的作用，将人体的脏腑、器官、孔窍、皮毛、筋肉、骨骼等组织沟通和联结成为统一的整体。

1. 经络系统的组成

经络系统主要包括经脉和络脉两部分，其中纵行的干线称为经脉，由经脉分出网络全身各个部位的分支称为络脉，如图3—8所示。

（1）经脉。经脉是经络中的主干，又名正经，包括十二经脉、十二经别和奇经八脉。经络作为运行气血的通道，是以十二经脉为主，其"内属于府藏，外络于肢节"，将人体内外连贯起来，成为有机的整体。经脉有一定的循行径路，大多循行于深部。

1）十二经脉是人体经络系统中十二条经脉的合称。

2）十二经脉是胸、腹及头部的重要分支脉，沟通脏腑，加强表里经的联系。

3）奇经八脉是人体内任脉、督脉、冲脉、带脉、阴跷脉、阳跷脉、阴维脉、阳维脉八条经脉的统称，是具有特殊作用的经脉，对其余经络起统率、联络和调节气血盛衰的作用。

（2）络脉。络脉又名别络，是十二经脉在四肢部及躯干前、后、侧三部的重要支脉，犹如许许多多的支流一样，起沟通表里和渗灌气血的作用。

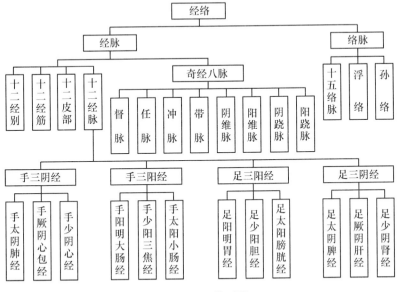

图3—8　经络系统

2. 经络系统的作用

（1）联系脏腑、沟通内外。经络能沟通表里，联络上下，将人体各部的组织、器官联结为一个有机的整体。

（2）运行气血、营养全身。由于经络能输布营养到周身体表，从而保证各组织器官维持正常的功能活动，有运行气血、调节阴阳和濡养全身的作用。

（3）抗御病邪、保卫机体。经络具有抵抗外邪、保护体表的作用。经络"行血气"而使营卫之气密布周身，于内和调五脏六腑，于外抗御病邪入侵。

（4）反映病候、提供依据。由于经络在人体各部分布的关系，如内脏有病时，便可在其相应的经脉循行部位出现症状和体征。同样，体表部位的病痛也可通过经络了解其相应的脏腑病变。经络具有反映病候的作用，这对美容的整体调节、循经按摩具有十分重要的指导意义。

3. 经络系统的命名

经络系统大都由阴阳、脏腑和手足名称构成，如手太阳小肠经等。

（1）阴阳。一切事物都可分为阴和阳两方面，两者之间又是互相联系的。根据阴阳气的盛衰（多少）衍化为三阴三阳，相互之间具有对应关系（表里相合）：阴气最盛为太阴，其次为少阴，再次为厥阴；阳气最盛为阳明，其次为太阳，再次为少阳。其对应关系为太阴——阳明、少阴——太阳、厥阴——少阳。

（2）脏腑。脏为阴，腑为阳，内脏"藏精气而不泻"者称脏，为阴；"传化物而不藏"者称腑，为阳。每一阴经分别隶属于一脏，每一阳经分别隶属于一腑，各经都以脏腑命名。

（3）手足。上为手，下为足：分布于上肢的经脉，在经脉名称之前冠以"手"字；分布于下肢的经脉，在经脉名称之前冠以"足"字。

根据各经所联系的脏腑的阴阳属性及在肢体循行部位的不同，具体分为手三阴经、手三阳经、足三阴经、足三阳经四组，见表3—6

表3—6   十二经脉分类表

名称	分类		
手三阳经	手阳明大肠经	手少阳三焦经	手太阳小肠经
手三阴经	手太阴肺经	手厥阴心包经	手少阴心经
足三阳经	足阳明胃经	足少阳胆经	足太阳膀胱经
足三阴经	足太阴脾经	足厥阴肝经	足少阴肾经

（4）督脉与任脉。督脉与阳经有联系，称为"阳脉之海"，具有调节全身阳经经气的作用；任脉与阴经有联系，称为"阴脉之海"，具有调节全身诸阴经经气的作用。督脉与任脉与十二经相提并论，合称为"十四经"。十四经是经络系统的主要部分，在临床上是针灸治疗、推拿按摩及药物归经的基础，也是美容实践的基础。它们具有一定的循行路线、病候及所属腧穴。

4. 经络与美容

中医美容学，从狭义上讲，它是一门在阴阳学说、五行学说、藏象学说、经络学说等中医基础理论指导下研究损容性疾病的预防和治疗，以防病健身、延年驻颜、维护人体形神之美为主要目的的一门极具中医特色的学科。中医美容和经络学说的关系十分密切，因为中医美容中的很多方法和手段都是以经络学说为理论基础的，如针刺美容、灸法美容、推拿美容、刮痧美容、拔罐美容等。经络学说与美容的关系如下：

（1）经络将脏腑气血输送到面部。经络有沟通内外、运行气血的作用，《黄帝内经》曰："五脏各有外候……"是说五脏与形体诸窍之间各有特定联系，五脏与头面部的联系如心其华在面，开窍于舌；肺其充在皮，开窍于鼻；脾其华在唇，开窍于口；肝开窍于目；肾其华在发，开窍于耳。五脏功能与面部的联系是通过经络来沟通的，只有经络的功能正常，脏腑气血才能源源不断地输送到面部，使面部得到滋润和濡养。

反之，如果经络的功能失常，就会引起如气血不足导致的面色萎黄、精神疲惫，气血瘀滞导致的面色晦暗等。

（2）经络是面部疾病诊断和治疗的依据。根据经络在体表的分布规律及脏腑的功能，通过观察皮肤损害所在部位和性质，可以推断所属脏腑经络。在制定治疗方案时，就会有针对性地选择相应的脏腑、经络、腧穴及脏腑在体表的反射区而精心治疗。

（3）十二经的主治疾病

手太阴肺经：治疗痤疮、黄褐斑、毛孔粗大等面部皮肤疾患。

手阳明大肠经：治疗皮肤瘙痒、皮疹、毛孔粗大、黄褐斑等。

足阳明胃经：治疗痤疮、黄褐斑、面色萎黄苍白等。

足太阴脾经：治疗皮肤湿疹、面色萎黄、黄褐斑及月经不调等。

手少阴心经：治疗面部毛细血管扩张、面色苍白无华等。

手太阳小肠经：治疗面色萎黄、黄褐斑和面部毛细血管扩张等。

足太阳膀胱经：治疗皮肤过敏、月经不调、黑眼圈等。

足少阴肾经：治疗雀斑、黄褐斑、面色晦暗、黑眼圈等。

手厥阴心包经：治疗血热血瘀引起的痤疮、面部毛细血管扩张等。

手少阳三焦经：治疗皮肤瘙痒、过敏、化脓性皮肤病等。

足少阳胆经：治疗肝火上炎引起的痤疮，肝气郁滞引起的面色晦暗、雀斑等。

足厥阴肝经：治疗痤疮、黄褐斑、雀斑等。

（4）十四经脉的简介（见表3—7）

表 3—7　　　　　　　　　　　　　十四经脉的简介

图片示例	说明
手太阴肺经	手太阴肺经 本经共有 11 个穴位。其中 9 个穴位分布在上肢掌面桡侧，2 个穴位在前胸上部，首穴中府，末穴少商。此经属肺，络大肠，通过横膈，并与胃联系。此经腧穴可主治呼吸系统和此经脉所经过部位的病症，如咳嗽、胸闷胸痛、咽喉肿痛、外感风寒等

续表

图片示例	说明
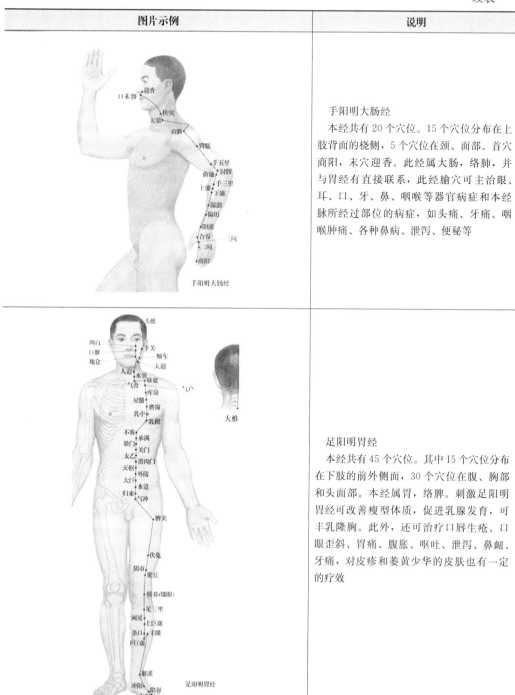	**手阳明大肠经** 本经共有20个穴位。15个穴位分布在上肢背面的桡侧，5个穴位在颈、面部。首穴商阳，末穴迎香。此经属大肠，络肺，并与胃经有直接联系，此经腧穴可主治眼、耳、口、牙、鼻、咽喉等器官病症和本经脉所经过部位的病症，如头痛、牙痛、咽喉肿痛、各种鼻病、泄泻、便秘等
	足阳明胃经 本经共有45个穴位。其中15个穴位分布在下肢的前外侧面，30个穴位在腹、胸部和头面部。本经属胃，络脾。刺激足阳明胃经可改善瘦型体质，促进乳腺发育，可丰乳隆胸。此外，还可治疗口唇生疮、口眼歪斜、胃痛、腹胀、呕吐、泄泻、鼻衄、牙痛，对皮疹和萎黄少华的皮肤也有一定的疗效

续表

图片示例	说明
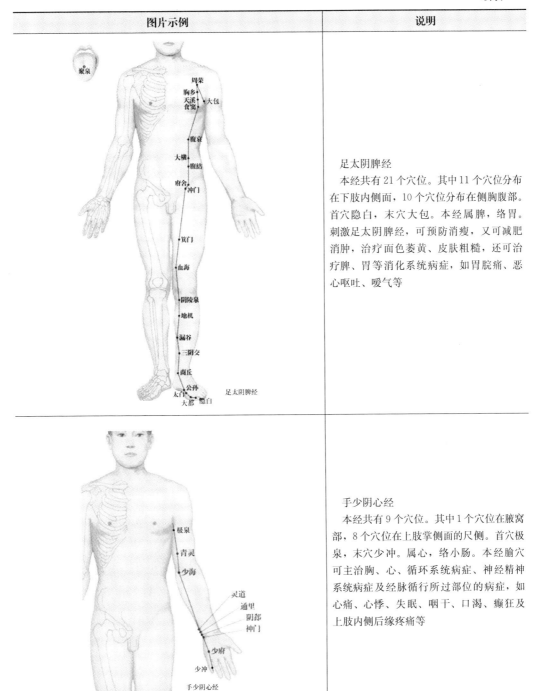 足太阴脾经	**足太阴脾经** 本经共有 21 个穴位。其中 11 个穴位分布在下肢内侧面，10 个穴位分布在侧胸腹部。首穴隐白，末穴大包。本经属脾，络胃。刺激足太阴脾经，可预防消瘦，又可减肥消肿，治疗面色萎黄、皮肤粗糙，还可治疗脾、胃等消化系统病症，如胃脘痛、恶心呕吐、嗳气等
手少阴心经	**手少阴心经** 本经共有 9 个穴位。其中 1 个穴位在腋窝部，8 个穴位在上肢掌侧面的尺侧。首穴极泉，末穴少冲。属心，络小肠。本经腧穴可主治胸、心、循环系统病症、神经精神系统病症及经脉循行所过部位的病症，如心痛、心悸、失眠、咽干、口渴、癫狂及上肢内侧后缘疼痛等

续表

图片示例	说明
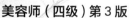	**手太阳小肠经** 本经共有 19 个穴位。8 个穴位分布在上肢背面的尺侧，11 个穴位在肩、颈、面部。首穴少泽、末穴为听宫。本经属小肠，络心。本经腧穴可治小肠与胸、心、咽喉病症，神经方面病症，头、颈、眼、耳病症和本经脉所经过部位的病症，如少腹痛、腰脊痛、耳聋、咽喉肿痛等
	足太阳膀胱经 本经共有 67 个穴位。其中 49 个穴位分布在头面部、项背部和腰背部，18 个穴位分布在下肢后面的正中线上和足的外侧部。首穴睛明，末穴至阴。本经属膀胱，络肾。刺激足太阳膀胱经可改善肥胖体质、皮肤过敏、月经不调、经期易怒、内分泌紊乱，或因子宫发育不全引起的雀斑、妊娠期或产后因雌激素分泌紊乱而引起的蝴蝶斑，以及目痛多泪、毛发枯焦、口唇无华等

续表

图片示例	说明
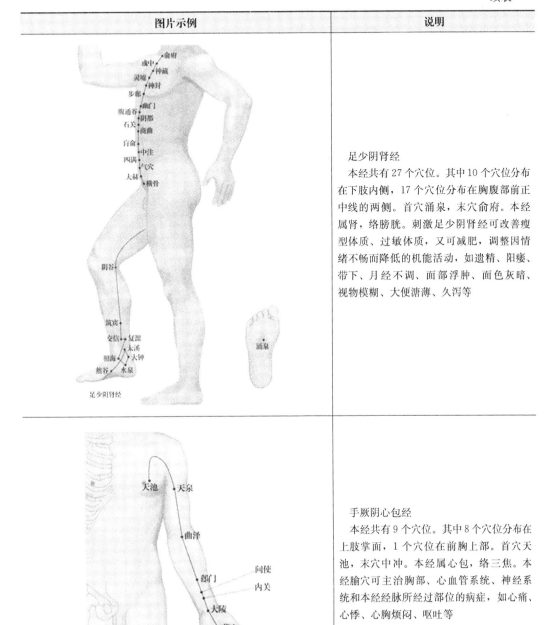 足少阴肾经	**足少阴肾经** 本经共有 27 个穴位。其中 10 个穴位分布在下肢内侧，17 个穴位分布在胸腹部前正中线的两侧。首穴涌泉，末穴俞府。本经属肾，络膀胱。刺激足少阴肾经可改善瘦型体质、过敏体质，又可减肥，调整因情绪不畅而降低的机能活动，如遗精、阳痿、带下、月经不调、面部浮肿、面色灰暗、视物模糊、大便溏薄、久泻等
	手厥阴心包经 本经共有 9 个穴位。其中 8 个穴位分布在上肢掌面，1 个穴位在前胸上部。首穴天池，末穴中冲。本经属心包，络三焦。本经腧穴可主治胸部、心血管系统、神经系统和本经经脉所经过部位的病症，如心痛、心悸、心胸烦闷、呕吐等

续表

图片示例	说明
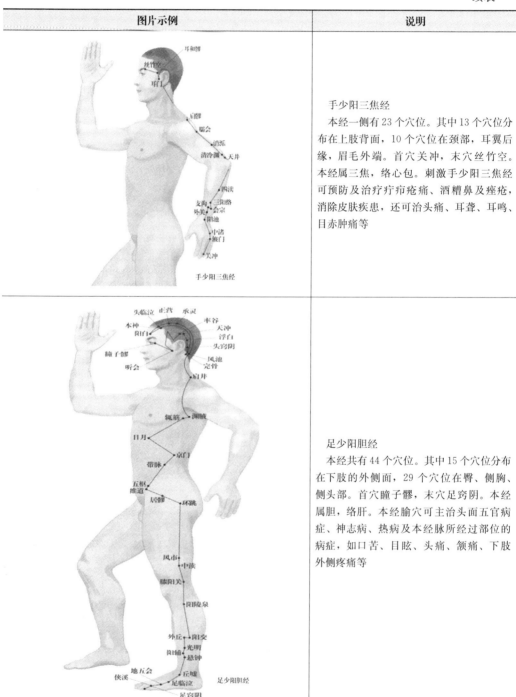	手少阳三焦经 本经一侧有23个穴位。其中13个穴位分布在上肢背面，10个穴位在颈部，耳翼后缘，眉毛外端。首穴关冲，末穴丝竹空。本经属三焦，络心包。刺激手少阳三焦经可预防及治疗疔疖疮痛、酒糟鼻及痤疮，消除皮肤疾患，还可治头痛、耳聋、耳鸣、目赤肿痛等
	足少阳胆经 本经共有44个穴位。其中15个穴位分布在下肢的外侧面，29个穴位在臀、侧胸、侧头部。首穴瞳子髎，末穴足窍阴。本经属胆，络肝。本经腧穴可主治头面五官病症、神志病、热病及本经脉所经过部位的病症，如口苦、目眩、头痛、颔痛、下肢外侧疼痛等

续表

图片示例	说明
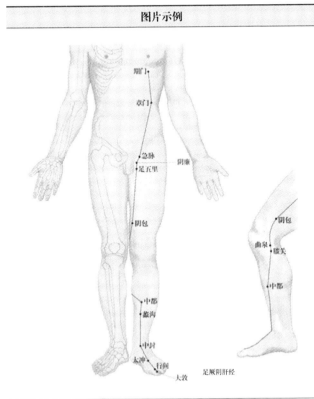足厥阴肝经	**足厥阴肝经** 本经一侧有14个穴位（左右两侧共28个穴位）。其中12个穴位分布于腹部和胸部，12个穴位在下肢部。首穴大敦，末穴期门。本经属肝，络胆。本经腧穴主治肝胆病症、眼科疾病和本经经脉所过部位的疾病，如胸胁痛、少腹痛、小便不利、遗精、月经不调、头痛目眩、下肢痹痛等
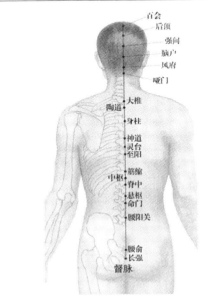督脉	**督脉** 人体奇经八脉之一，共28个穴位，督脉总督一身之阳经。督脉有调节阳经气血的作用，故称为"阳脉之海"。本经分布于人体后正中线，起于长强，止于龈交。本经腧穴主治骶、背、头项、局部病症及相应的内脏疾病。主生殖机能，特别是男性生殖机能

续表

图片示例	说明
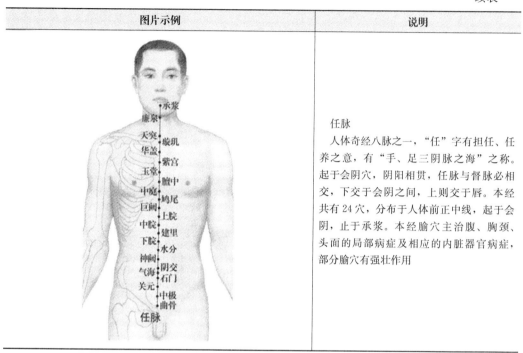	**任脉** 人体奇经八脉之一，"任"字有担任、任养之意，有"手、足三阴脉之海"之称。起于会阴穴，阴阳相贯，任脉与督脉必相交，下交于会阴之间，上则交于唇。本经共有24穴，分布于人体前正中线，起于会阴，止于承浆。本经腧穴主治腹、胸颈、头面的局部病症及相应的内脏器官病症，部分腧穴有强壮作用

二、常用穴位

穴位是人体脏腑经络气血输注于体表的部位，既是疾病的反应点，又是美容按摩、推拿的刺激点。穴位的学名是腧穴，"腧"与"输"通，有传输的含义，"穴"即孔洞的意思。

1. 头面部常用穴位与适应证（见表3—8）

表3—8　　　　　　　　　　头面部常用穴位与适应证

图示	位置	适应证	归经
	太阳：外眼角后约1寸凹陷处	头痛，眼疾，面瘫	经外奇穴
	头维：额角，前发际正中旁开4.5寸	偏头痛、目痛多泪、皱纹	足阳明胃经

图示	位置	适应证	归经
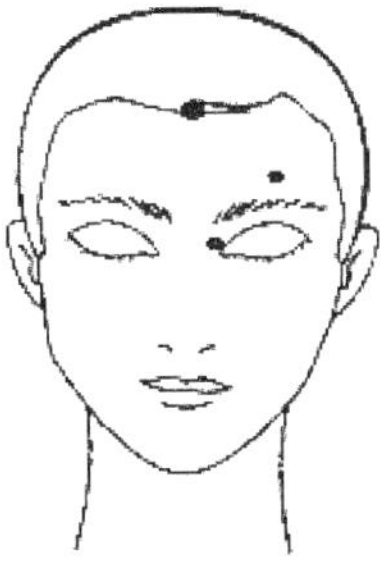	阳白：目平视瞳孔直上，眉上1寸	面神经麻痹、眼睑下垂	足少阳胆经
	神庭：头中线，前额与发际线交接处	头痛、失眠	督脉
	睛明：内眼角内上方0.5寸	近视、远视、结膜炎	足太阳膀胱经
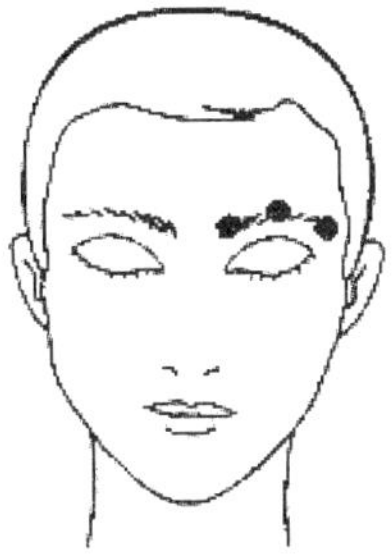	攒竹：前额眉毛内侧端	头痛，眼疾，面瘫	足太阳膀胱经
	鱼腰：眉毛中间、眼平视下对瞳孔处	面瘫、斜视等	经外奇穴
	丝竹空：眉梢外侧凹陷处	面瘫、鱼尾纹、目赤	手少阳三焦经
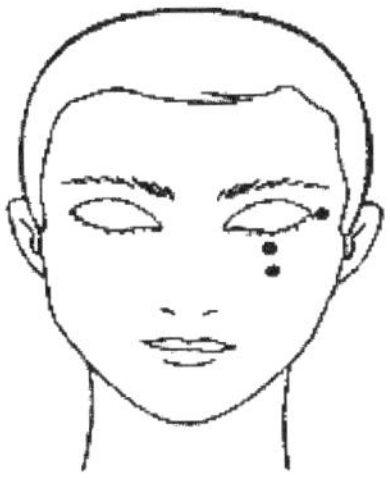	四白：眼平视瞳孔直下1寸稍内	迎风流泪、口角歪斜	足阳明胃经
	承泣：目平视瞳孔直下1寸，眼眶下部	目赤痛、眼睑肿、斜视	足阳明胃经
	瞳子髎：眼外眦角外侧0.5寸处	鱼尾纹、斜视	足少阳胆经
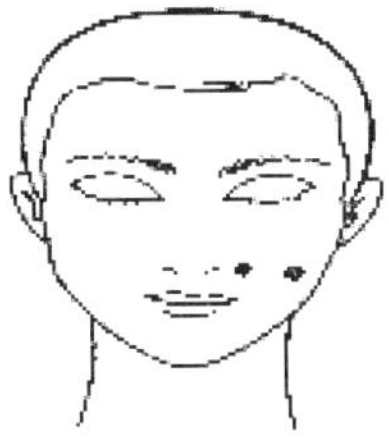	颧髎：眼外眦直下，颧骨下缘凹陷处	牙痛、面瘫	手太阳小肠经
	迎香：鼻翼旁0.5寸	鼻塞、面部浮肿、口眼歪斜	手阳明大肠经
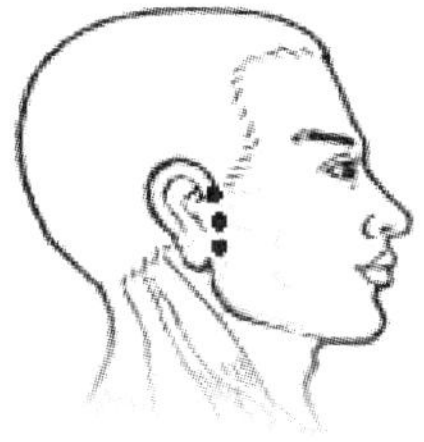	耳门：耳屏上切迹前方	耳疾、牙痛等	手少阳三焦经
	听宫：耳屏中点前缘与下颌关节凹陷处	耳鸣、耳聋、齿痛	手太阳小肠经
	听会：听宫下方，耳屏间切迹前凹陷处	面神经麻痹、腮肿	足少阳胆经

续表

图示	位置	适应证	归经
	翳风：耳垂后乳突和下颌骨间凹陷处	流涎、音哑	手少阳三焦经
	颊车：用力咬牙时，咬肌隆起处	牙颊肿痛、腮腺炎、面瘫	足阳明胃经
	百会：头顶中线，两耳尖连线的中点	头痛、头胀、失眠	督脉
	风池：枕骨下缘，胸锁乳突肌与斜方肌起始处	头痛、感冒、高血压	足少阳胆经

2. 肩颈、背部常用穴位与适应证（见表3—9）

表3—9　　　　　　　　　　肩颈、背部常用穴位与适应证

名称	位置	适应证	归经
肩井	大椎与肩峰连线中点	腰酸背痛、头颈痛	足少阳胆经
巨骨	锁骨峰端与肩胛骨之间凹陷处	肩背部疼痛、活动不利	手阳明大肠经
大椎	第七颈椎与第一胸椎棘突之间	肩膀背痛、咳嗽、中暑	督脉
风门	第二胸椎棘突下，旁开1.5寸	咳嗽，发热头痛，项强，胸背痛，荨麻疹等	足太阳膀胱经
肺俞	第三胸椎棘突下，旁开1.5寸	皮肤干燥、开裂、皮毛憔悴	足太阳膀胱经
心俞	第五胸椎棘突下，旁开1.5寸	心痛、惊悸、失眠、健忘	足太阳膀胱经
督俞	第六胸椎棘突下，旁开1.5寸	脱发、皮肤瘙痒、毛囊炎	足太阳膀胱经
膈俞	第七胸椎棘突下，旁开1.5寸	皮肤粗糙，毛发枯槁	足太阳膀胱经
肝俞	第九胸椎棘突下，旁开1.5寸	蜘蛛痣、蝴蝶斑、色素沉着	足太阳膀胱经
脾俞	第十一胸椎棘突下，旁开1.5寸	浮肿、皮肤苍白、萎黄、松弛	足太阳膀胱经
胃俞	第十二胸椎棘突下，旁开1.5寸	消瘦、肥胖、胃肠功能紊乱	足太阳膀胱经
肾俞	第二腰椎棘突下，旁开1.5寸	脱发、毛发早白、面色黧黑	足太阳膀胱经

3. 上肢部常用穴位与适应证（见表 3—10）

表 3—10　　　　　　　　　　　上肢部常用穴位与适应证

名称	位置	适应证	归经
合谷	第一、二掌骨的中点	头痛感冒	手阳明大肠经
劳宫	手掌中心握掌时中指尖所指处	心痛、呕吐、目疮、口臭	手厥阴心包经
曲池	曲肘成直角，肘横纹正中线	瘫痪，上下肢关节痛、麻木	手阳明大肠经
内关	前臂内侧，腕横纹上 2 寸	胃痛、恶心、呕吐	手厥阴心包经
外关	前臂外侧，腕横纹上 2 寸	头痛、偏瘫、感冒	手少阳三焦经
鱼际	第一掌骨，大鱼际中部	肌肉麻木、酸痛	手太阴肺经
中诸	手背第四、五掌骨的凹陷处	手指僵硬、震颤	手少阳三焦经
阳谷	腕骨横纹尺侧	手痛、麻木	手太阳小肠经
阳溪	腕骨横纹桡侧	手痛、麻木	手阳明大肠经
肩髎	上臂外展伸直，肩关节凹陷处	肩瘫、肩周炎	手少阳三焦经
肩髃	肩部三角肌上部中点，肩关节外展 90°时肩峰呈现凹陷处	颈椎病、上肢肩背疼痛等	手阳明大肠经

4. 胸腹部常用穴位与适应证（见表 3—11）

表 3—11　　　　　　　　　　　胸腹部常用穴位与适应证

名称	位置	适应证	归经
中脘	前正中线，脐上 4 寸	厌食症、胃肠神经官能症	任脉
神阙	脐窝正中	消化不良、胃脘不良	任脉
气海	前正中线，脐下 1.5 寸	神经衰弱、消化不良	任脉
关元	前正中线，脐下 3 寸	神经衰弱、消化不良	任脉
天枢	脐旁 2 寸	腹泻、便秘	足阳明胃经
大横	位于人体的腹中部，距脐中 4 寸	腹泻、便秘、腹痛	足太阴脾经

5. 下肢部常用穴位与适应证（见表 3—12）

表 3—12　　　　　　　　　　　下肢部常用穴位与适应证

名称	位置	适应证	归经
委中	腘横纹中央	腰痛、偏瘫	足太阳膀胱经
承山	小腿正中	腰腿痛、腿抽筋	足太阳膀胱经
血海	正坐屈膝，髌骨上缘上 2 寸股内侧肌内缘	蝶斑、色素沉着、皮肤痒	足太阴脾经

续表

名称	位置	适应证	归经
涌泉	足底中线前、中三分之一交点处，足前部凹陷处	头痛、失眠、足心热	足少阴肾经
膝眼	髌骨韧带，内外凹陷处	膝关节疼痛	经外奇穴
足三里	外膝眼下3寸，胫骨外缘1横指	腹痛、腹泻、体虚	足阳明胃经
三阴交	内踝上3寸胫骨内侧缘后方	生殖器、泌尿系统等疾病	足太阴脾经

相关链接

经络学说的历史

经络的记载最早出现在长沙马王堆汉墓出土的帛书中，帛书有不同的文本，一种称为《足臂十一脉灸经》，其中记载经络按先"足三阳三阴脉"后"臂三阴三阳脉"排列；另一种称为《阴阳十一脉灸经》，其中记载经络按"先六阳脉后五阴脉"次序排列。

《黄帝内经》的问世标志着针灸从医疗实践上升到系统的理论时代。

《黄帝内经》包括现存的《灵枢》和《素问》。关于经络的记载以《灵枢》为最详，如《经脉》《经别》《经筋》《脉度》《根结》等篇；《素问》则是在此基础上做进一步的阐发和讨论，如《脉解篇》《皮部论》《经络论》《骨空论》《调经论》《太阴阳明论》《阳明脉论》等。

《黄帝内经》在早期经络文献《足臂十一脉灸经》《阴阳十一脉灸经》的基础上，结合其他医学文献和医疗经验的总结，完善了十二经脉手足三阴三阳的命名及分类；全面论述了十二经脉与内在脏腑的属络关系，经脉不仅内连脏腑，外络肢节，而且阴经与阳经、脏与腑之间还构成了表里相合的互相联系；经脉的循行连接，脉行之逆顺，以及营卫气血在十二经脉的流注也是从《黄帝内经》开始论述的，如营气行于脉中，自手太阴肺经始而终于足厥阴肝经，阴阳相贯，如环无端，周而复始；《黄帝内经》还补充完善了十二经脉等的病候和主治，并通过外感病邪由表入里、由皮毛到络、经、内脏的传变及其络脉变化，阐明了经络系统的防御功能、反映疾病和治疗疾病的功能。此外，《黄帝内经》讨论了十五络脉、十二经别、十二经筋、六经皮部的分布及奇经八脉的循行。

《难经》传说为战国时扁鹊所作，该书第一次完整论述了奇经八脉与十二经脉的区别，形象论述了奇经八脉调节气血、不参与十二经脉循环的功能特点，以及经别理论等。

魏晋时皇甫谧编著的《针灸甲乙经》对腧穴分布进行了整理，头面躯干以分区画线排列，四肢以分经排列，记载经络所属穴名共349个，其中有交会关系者84穴。对诸穴穴名、别名、位置、取法、主治、配伍、何经脉气所发、何经所会、针刺深浅、留针时间、艾灸壮数、禁刺禁灸以及针灸意外等均有全面论述。《针灸甲乙经》确立了针灸学完整的理论体系，奠定了针灸学成为一门独立的临床医学学科的基础。

东汉末，张仲景著成《伤寒杂病论》（《伤寒论》），《伤寒论》一书以六经辨证，是对《黄帝内经》《难经》理论的继承和发展，也是对经络理论的灵活运用。

隋唐时期，医家绘制了五彩的《名堂三人图》，其中包括十二经脉、奇经八脉等。

宋金元时期的《太平圣惠方》中列有十二人形的经穴图。

明代李时珍的《奇经八脉考》对奇经八脉进行了汇集和考证，杨继洲的《针灸大成》是对针灸学的又一次总结。

清代《医宗金鉴·刺灸心法要诀》分别绘制了经脉图和经穴图。

新中国成立以来，经络得到了前所未有的普及和提高，分别对《黄帝内经》《难经》《针灸甲乙经》《针灸大成》进行了整理校释。目前，我国对经络的研究取得了一定的成就，如经络的检测、经络的实质等。

第4章

美容化妆品知识

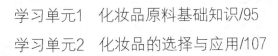

学习单元 1 化妆品原料基础知识

【学习目标】

1. 熟悉化妆品基质原料。

2. 熟悉化妆品辅助原料。

3. 熟悉化妆品活性成分。

【知识要求】

化妆品是通过各种原料经过调配加工而成的混合物。化妆品的原料种类繁多、性能各异，凡是对人体皮肤、毛发具有清洁、保护、美化作用的物质均为化妆品原料。化妆品原料根据其性能和用途，大体上可分为基质原料和辅助原料。

一、基质原料

基质原料是组成化妆品的主体原料，占有较大比例，是化妆品中发挥主要作用的物质。基质原料主要包括油性原料、粉质原料及溶剂原料。它们各自在化妆品配方中所占比例因产品类型不同而有所不同。

1. 油性原料

油性原料是化妆品中的一类主要基质原料，在化妆品中主要起到护肤、柔滑、固化赋形和乳化等作用。油性原料根据来源的不同可分为天然油性原料和合成油性原料两大类。天然油性原料又分为动植物油性原料和矿物油性原料两类，其中动植物油性原料可根据其化学成分的不同分为动植物油脂和动植物蜡两类。

（1）天然油性原料

1）动植物油性原料（见表 4—1）。

表4—1 动植物油性原料分类、特性与代表性原料

分类	特性	代表性原料
动植物油脂	油脂是油和脂肪的总称。动物性油脂是指由动物组织中得到的油脂。通常情况在常温下油呈液态，脂呈半固态或软性固态。在化学结构上，甘油脂肪酸酯是构成动植物油脂的主要成分。纯净的动植物油脂一般是无色、无臭、无味的中性物质。不溶于水，易溶于乙醚、苯、石油醚等有机溶剂。动植物油脂品种很多，但适用于化妆品原料的并不多	植物油脂有橄榄油、蓖麻油、椰子油、杏仁油、花生油、茶籽油、月见草油、鳄梨油、乳木果油、玫瑰果油等 动物油脂有貂油、蛋黄油、羊毛脂、角鲨烷等
动植物蜡	蜡是高碳脂肪酸和高碳脂肪醇构成的酯。动植物蜡是从动植物中得到的蜡性物质。蜡能增强化妆品的稳定性，调节黏稠度，提高液体油脂的熔点，增加产品光泽，改善化妆品使用感，并能滋润和柔软皮肤。根据蜡类物质来源的不同，分为动物蜡和植物蜡	动物蜡有蜂蜡、鲸蜡等；植物蜡有巴西棕榈蜡、小烛树蜡、棉蜡等

2）矿物油性原料。矿物油性原料主要是天然矿物（主要是石油）经加工精制得到的高分子碳氢化合物，它们的沸点高，多在300℃以上，无动植物油脂、蜡的皂化价与酸价。其来源丰富，不易腐败，性质稳定，是化妆品中物美价廉的一类原料，多与其他油质原料同时合并使用。化妆品中常用的矿物油性原料主要有液状石蜡（白油）、凡士林、地蜡、微晶蜡等。

（2）合成油性原料。合成油性原料是继天然油性原料之外又一重要的化妆品油性原料来源。合成油性原料一般是各种油脂或原料经过加工合成的改性油性原料，组成与原料油脂相似，物理性能、化学稳定性、对皮肤的刺激性及吸收性等方面都有较优良的性能，将成为化妆品中最有发展的基质原料。常用的合成油性原料有角鲨烯、羊毛脂衍生物（液体羊毛脂、硬质羊毛脂、羊毛脂醇、乙酰化羊毛脂）、聚硅氧烷等。

2. 粉质原料

粉质原料主要用于粉末剂型化妆品，如爽身粉、香粉、粉饼、唇膏、胭脂、眼影等。这类产品的主要原料为各种无机粉料，其用量可达30%～80%，故它们是化妆品中的重要原料。粉质原料在化妆品中所起的作用主要是遮盖、滑爽、附着、吸收、展延。由于有些原料来自天然矿产粉末，如高岭土、黏土、滑石粉等，多含有对皮肤有毒性的重金属，因此，应用时注意重金属含量不要超过质量标准规定的含量。

另一类粉质原料是通过化学反应有机合成化合物或是由天然化合物进行半合成化学处理而获得，被称为合成类粉料。常用的合成类粉料有二氧化钛、氧化锌、氧化镁、硬脂酸锌、硬脂酸镁、纤维素微粒、聚乙烯粉、表面处理尼龙粉等。

3. 溶剂原料

溶剂原料也是许多化妆品配方中不可缺少的一类组成部分。溶剂原料在制品中主要起溶解作用，此外还具有润湿、增塑、保香、收敛等作用。

常用的溶剂原料见表4—2。

表 4—2　　　　　　　各种类型溶剂原料的特性、代表溶剂及功能

类型	特性	代表溶剂	功能
水	水是化妆品的重要原料，是一种优良的溶剂，化妆品对水质有其特殊的要求。所用的水必须经过处理，水质纯净、无色、无味，且不含钙、镁等金属离子，无杂质	去离子水、蒸馏水	稀释、溶解、湿润
醇类	醇类原料在化妆品中使用广泛，作用突出，是多数产品不可或缺的成分。醇类原料无色，具有挥发性	乙醇、丙二醇、正丁醇、异丙醇	溶解、挥发、保湿、防冻、灭菌、收敛
酯类	酯类原料是无色、芳香、易燃的液体，能溶于氯仿、醇和醚，微溶于水	乙酸乙酯、乙酸丁酯、乙酸戊酯	芳香、渗透、润滑

二、辅助原料

化妆品辅助原料又称为化妆品的有效性原料，在化妆品配方中用量较少，但由于均具有非常重要的作用，因此又是一类必不可缺的原料。它主要包括表面活性剂、水溶性高分子、香料和香精、色素、防腐剂、抗氧剂、皮肤吸收促进剂等。

1. 表面活性剂

表面活性剂在化妆品中通常称为"乳化剂"，是一种能使油脂蜡与水制成乳化体的原料。表面活性剂具有去污、润湿、分散、发泡、乳化、增稠等功能，大多数化妆品也都是运用表面活性剂的某些功能而制成不同性能的产品。

表面活性剂分子具有双亲结构，即亲水基团和亲油基团。由碳氢元素组成的原子团是亲油基团，而含有氧元素或氮元素的原子团是亲水基团，亲水基团的结构特点是表面活性剂的分类依据。

表面活性剂通常可分为离子型表面活性剂和非离子型表面活性剂两大类。离子型表面活性剂又可根据亲水基所带电荷的不同分为阴离子型表面活性剂、阳离子型表面活性剂和两性离子型表面活性剂三类。非离子型表面活性剂和阴离子型表面活性剂在化妆品中应用最多，而阳离子型表面活性剂应用较少。

（1）阴离子型表面活性剂。阴离子型表面活性剂在化妆品配方中多作为去污剂、发泡

剂和乳化剂。常用的阴离子型表面活性剂有硬脂酸钠、月桂酸钾、十二烷基苯磺酸钠、琥珀酸酯磺酸钠、十二烷基硫酸钠、聚氧乙烯十二醇硫酸酯钠、月桂基磷酸单酯钠等。

（2）阳离子型表面活性剂。阳离子型表面活性剂因其易在头发表面形成保护膜，赋予头发光泽、柔软、抗静电，易梳理的特性，一般主要作为头发调理剂。同时，它也具有较好的杀菌作用，可作为杀菌剂使用。阳离子型表面活性剂主要包括季铵盐类和胺盐类两类，前者在化妆品中应用较广泛。常用的阳离子型表面活性剂有十二烷基三甲基氯化铵（1231）、十六烷基三甲基氯化铵（1631）、十八烷基三甲基氯化铵（1831）、十二烷基二甲基苄基氯化铵等。

（3）两性离子型表面活性剂。同时具有两种或两种以上离子性质的表面活性剂为两性离子型表面活性剂。有的两性离子型表面活性剂具有良好的发泡、洗涤和增稠性，多用于沐浴液和洗发水中，如甜菜碱型两性离子表面活性剂；有的两性离子型表面活性剂对皮肤性能温和、对眼睛刺激性小，与其他成分混合能提高抗刺激性效果，如氧化铵型两性离子表面活性剂。

（4）非离子型表面活性剂。非离子型表面活性剂在溶液中以非离子状态存在，不易受到酸、碱和电解质的影响，有良好的稳定性和溶解性，具有乳化、发泡、洗涤、杀菌、抗静电、增溶等多种功能。常用的非离子型表面活性剂有长碳链脂肪醇聚氧乙烯醚、烷基酚聚氧乙烯醚、脂肪酸聚氧乙烯酯、聚氧乙烯烷基胺、单脂肪酸甘油酯、失水山梨醇脂肪酸酯、聚氧乙烯失水山梨醇脂肪酸酯等。

2．水溶性高分子

水溶性高分子是一类亲水性的高分子化合物，也称为胶黏剂。水溶性高分子的亲水性结构是羧基、羟基、酰胺基、胺基、醚基等亲水基团。这类物质在水中能溶解或溶胀成具有黏性的物质。

水溶性高分子在化妆品中的作用见表4—3。

表4—3 水溶性高分子在化妆品中的作用

序号	作用
1	稳定分散体系，胶体保护作用
2	增稠、增黏作用
3	成膜定型作用
4	保湿作用
5	营养作用
6	乳化作用
7	稳定泡沫作用

水溶性高分子按照其来源可分为天然水溶性高分子、半合成水溶性高分子和合成水溶性高分子三大类：天然水溶性高分子主要来源于动植物和矿物，如明胶、果胶、阿拉伯胶、黄原胶、汉生胶、淀粉、胶性二氧化硅、硅酸钠等；半合成水溶性高分子是由天然物质经化学改性而制得，既具有天然水溶性高分子的优点又结合了合成水溶性高分子的长处，常见的有甲基纤维素（MC）、乙基纤维素（EC）、羟丙基纤维素、变性淀粉等；合成水溶性高分子由单体聚合而得，在化妆品配方中应用广泛，常见的有聚乙烯类（PVA）、聚乙烯吡咯烷酮（PVP）、聚氧乙烯（PEO）、聚丙烯酸类聚合物（Carbopol）等。

3. 香料与香精

香味是人们的嗅觉细胞受到某种物质刺激而产生的一种主观感觉。通常人们会通过在化妆品中添加一定量的香精赋予其香味。香精则是由各种香料调配混合而制成的。在各类化妆品中，香精用量虽少，但有时却是决定一个产品能否取得成功的关键。如果香精选用适宜，既能掩盖产品本身不良气味，又可因优雅、迷人的香气得到消费者的青睐；若香精选用不当，可能会使化妆品质量不稳定，导致膏体变色、皮肤刺激等现象，而且还可能会影响消费者的选择。

（1）香料。香料是具有一定香气、香味、香型的挥发性物质，能刺激人的嗅觉，使之感到芳香。香料一般为淡黄色或棕色、淡绿色油性透明液体。树脂类香料则为黏性液体或结晶体。其比重大多小于 1，不溶于水，可溶于酒精等有机溶剂、各种油脂中，香料本身也是溶剂。

香料根据其来源可分为天然香料和合成香料两类。天然香料又可分为动物香料和植物香料。动物香料品种少，主要有麝香、灵猫香、海狸香和龙涎香四种。动物香料具有重要地位，是配制高级香精不可缺少的定香剂，但价格昂贵。植物香料是从植物的花、叶、枝、籽、果实、树脂等中提取出的有机混合物，品种繁多，是植物的精华，植物香料也称为精油。合成香料是通过人工合成的方法制得的香料，其化学结构明确、纯度高、品种多、价格低廉。

（2）香精。香精是指将数种或几十种香料按照一定的方法调和成一种具有某种香型的调和香料。这种调和香料的过程称为调香。对化妆品进行加香，往往不会直接加入香料，而是添加香精。香精含有挥发度不同的香料，构成其香型和香韵等差别。

添加到化妆品中香精用量的百分比称为该化妆品的赋香率。不同的化妆品具有不同的赋香率，以香气为主的化妆品的赋香率较高，如香水为 10%～20%、古龙水为 5%～10%、花露水为 1%～5%。一般化妆品的赋香率都很小，约为 1%。目前，国际上大部分化妆品均倾向于低浓度香精或无香精型化妆品。

4. 色素

色素是指能使其他物质着色的一类原料。色素在化妆品中用量少，却可赋予化妆品丰富多彩的颜色，是化妆品中不可或缺的重要原料。化妆品用色素分为有机合成色素、无机颜料、天然色素和珠光颜料。

对于化妆品色素的选择应遵循以下几点：颜色艳丽、着色力强、透明性好或遮盖力强；安全性高，无毒、无过敏性、无刺激性；对光稳定性好，不会因紫外线的照射而变色或褪色；与配方中其他原料相溶性好、分散性佳。

5. 防腐剂

防腐剂是指能够杀灭、抑制或阻止微生物生长和繁殖的物质。在化妆品中加入适量的防腐剂能够保证其使用的安全性和有效性。用于化妆品的防腐剂应具有以下特点：广谱抗菌性、安全无毒、对热和光稳定、对产品本身的性质无显著影响、溶解度大、相溶性好、对皮肤黏膜无刺激性。此外，所选用的防腐剂还应经济合理、使用方便。目前，尽管防腐剂的种类繁多，但能满足上述要求的却并不多，因此在选择上应严格把控。

化妆品中常用的防腐剂主要有醇类、酚类、羧酸及其酯或盐类、酰胺类等。可以作为防腐剂的醇类物质有乙醇、异丙醇、2,4－二氯苄醇、3,4－二氯苄醇等。可以作为防腐剂的酚类物质有苯酚、间苯二酚、2－苯基苯酚、六氯酚等。可以作为防腐剂的羧酸及其酯或盐类物质有脱氢醋酸及其钠盐、尼伯金酯。可以作为防腐剂的酰胺类物质有3,4,4－三氯代－N－碳酰苯胺、3－三氯甲基－4,4－二氯代－N－碳酰苯胺等。

6. 抗氧剂

抗氧剂是指能够防止或减缓油脂等化妆品组分氧化酸败，而引起产品变质、变味、变色的物质。根据化学结构的不同，抗氧剂可分为五大类，分别为酚类、醌类、胺类、有机酸和酯及醇类、无机酸及其盐类。化妆品中常用的抗氧剂有丁羟基茴香醚（BHA）、二丁基羟基甲苯（BHT）、乙二胺四乙酸三钠（NDGA）、维生素E、小麦胚芽油等。

7. 皮肤吸收促进剂

皮肤是大多数药物渗透的屏障，许多药物透皮给药后，渗透速率达不到治疗要求。所以，寻找促进药物渗透皮肤的方法是开发皮肤给药系统的关键。皮肤吸收促进剂是指所有能够增加药物、营养物等活性物质透皮吸收速度和吸收量的物质。利用皮肤吸收促进剂可以增加药物疗效和养肤效果。目前，皮肤吸收促进剂已广泛应用于医药、化妆品。在功能性和营养性的化妆品中，如生发灵、减肥霜、营养霜等中经常添加皮肤吸收促进剂。

理想的皮肤吸收促进剂应具备以下条件：

- 对皮肤和机体无药理作用、无毒、无刺激性及无过敏反应。
- 应用后立即起作用，去除后皮肤能恢复正常的屏障功能。
- 不引起休内营养物质和水分丧失。
- 不与药物和其他辅料产生物理化学反应。
- 无色、无臭。

皮肤吸收促进剂的作用机理是通过改变皮肤水合状态，降低皮肤的屏障作用；改变药物、营养物的分子构态，使其具有较高皮肤亲和力，促进药物、营养物渗透皮肤，而被皮肤吸收。

常用的皮肤吸收促进剂包括有机醇类、酯类、月桂氮卓酮、表面活性剂、角质保湿剂、萜烯类等。目前应用较广泛的皮肤吸收促进剂是氮酮。很多中草药及其成分也具有很好的透皮吸收促进作用，如薄荷（醇）、冰片等。

三、活性成分

1. 保湿剂

一般认为，当人体皮肤角质层中含有 10%～20% 的水分时，皮肤紧致、富有弹性；当由于各种原因使得皮肤角质层中的水分含量降低到 10% 以下时，皮肤就会出现干燥、粗糙、脱屑甚至开裂等现象。通常人们为了保持皮肤水分的平衡，使皮肤健康、滋润，会在化妆品配方中添加各种具有保湿作用的成分。

保湿剂就是指能保持、补充皮肤角质层水分，防止皮肤干燥，或使已干燥、开裂、失去弹性的皮肤变得光滑、柔软和富有弹性的一类物质。保湿剂能够起到保湿作用的机制主要有以下几个方面：

（1）防止水分蒸发的油脂保湿。其特点是本身不被皮肤所吸收，而是在皮肤表面上形成油脂膜，阻止皮肤中水分蒸发散失。这类保湿剂的代表是凡士林。

（2）吸收外界水分的吸湿保湿。其特点是自身从周围环境中吸收水分而保持皮肤湿润状态。这类保湿剂最典型的是多元醇类，如甘油、丙二醇、聚乙二醇等。

（3）结合水分的锁水保湿。其特点是本身属于亲水性物质，并可形成一个网状结构，将游离水结合在其网中形成结合水，使水分不易蒸发散失。这类保湿剂是一类比较高级的保湿成分，如透明质酸、透明质酸钠等。

（4）角质细胞修复保湿。保湿途径是通过添加的各种营养物质修复角质细胞，提高皮肤本身的功能来达到保湿效果，如维生素 E、维生素 B_5 等。

2. 营养成分

人类的皮肤一般从 25～30 岁以后开始出现衰老。此时，营养成分的补充能有效加速皮肤的新陈代谢，令肌肤充满活力，减少皱纹产生，延缓衰老。添加在化妆品中常用的营养成分有胶原蛋白、弹性蛋白、胎盘素、丝素蛋白及 D－泛醇等。

（1）胶原蛋白（collagen）。胶原蛋白是人体的一种非常重要的蛋白质，主要存在于结缔组织中。它具有很强的伸张能力，是韧带和肌腱的主要成分。它使皮肤保持弹性，而胶原蛋白的老化则使皮肤出现皱纹。近年来，人们已将动物组织的胶原蛋白水解成胶原水解液，广泛应用于化妆品工业和医学美容领域，因其优良的保湿性、亲和性、淡斑性及配伍性越来越受到人们的重视。胶原蛋白在化妆品中的添加量为 3%～5%。

（2）弹性蛋白（elastin）。弹性蛋白又称为弹力蛋白，是肌肤组织的重要成分，其在肌肤中仅含 5%，却是激发肌肤胶原蛋白和弹性纤维生成的关键。弹性蛋白经酶法或化学方法降解后，可转变为分子量较低的可溶性弹性蛋白。可溶性弹性蛋白易被皮肤和毛发吸收，可消除皮肤细小皱纹、减退色素、保湿，能提高和改善毛发柔软性、韧性和梳理性。可溶性弹性蛋白在化妆品中添加量为 1%～5%。

（3）丝素蛋白。蚕丝自古以来就被当成美容圣品。天然蚕丝具有珍珠般光泽，洁白晶莹，手感光滑柔软。蚕丝中含有丰富的氨基酸，主要为丝氨酸、丙氨酸、甘氨酸、酪氨酸等。丝素蛋白是天然蚕丝经脱胶工艺处理后得到的。丝素蛋白是一种优良的天然保湿因子，同时能抑制黑色素生成，促进皮肤组织再生，防止皲裂和化学损害。在头发保养上，丝素蛋白具有优异的滋养、修复作用。丝素蛋白的干燥粉末称为丝粉。由丝粉经不同水解工艺处理后得到丝肽粉、丝肽液。目前应用于化妆品中的丝素蛋白有丝粉、丝肽粉、丝肽液等。丝素蛋白在化妆品中添加量为 2%～3%。

（4）羊（牛）胎盘提取液。羊（牛）胎盘提取液是指从动物（羊、牛）的胎盘、脐带等组织器官中提取的具有生理活性的成分。它成分复杂，富含丰富的碳水化合物、酸性黏多糖、脂肪、蛋白质、氨基酸、酶、核酸、激素、维生素、有机酸和微量元素等。胎盘提取液具有渗入皮肤深层组织、营养皮肤、促进细胞新陈代谢、增强血液循环、抑制皮肤表皮角质层水分散失、抑制黑色素形成等美容功效，现已成为化妆品优质、高效的添加剂。胎盘提取物在化妆品中的添加量为 3%～5%。

（5）D－泛醇。D－泛醇是维生素 B_5 的前体，故又称维生素原 B_5。它是一种无色至微黄色透明黏稠的液体，具轻微的特殊气味。D－泛醇能够迅速渗透皮肤，刺激上皮细胞的生长，促进皮肤正常角质化，促进伤口愈合，使皮肤恢复活力；在头发护理方面具有持久的保湿功能，防止头发开叉，受损，增加头发的密度，提高发质的光泽；指甲护理上表现为能改善指甲的水合性，赋予指甲柔韧性。

3. 特殊成分

（1）美白成分。美白成分是指具有能够减轻或淡化皮肤表皮色素沉着的天然或人工合成物质，也可称之为美白活性物质。氧化氢、氯化氨基汞、氢醌是传统的美白成分，因其美白迅速曾一度广为使用，但后来发现其毒性大，对皮肤损害性大，目前已被很多国家禁用。随着化妆品工业的不断发展，更为安全、高效的美白活性物质已取代了传统美白成分。

1）酪氨酸酶活性抑制剂。酪氨酸酶活性抑制剂是最常用的一种美白成分，在绝大多数美白化妆品中都含有这类成分。其代表成分有熊果苷及其衍生物、曲酸及其衍生物、甘草提取液、红景天提取液、丝肽、龙胆酸、根皮素以及1－甲基乙内酰胺尿-2-酰亚胺。

2）内皮素拮抗剂。内皮素拮抗剂能抑制黑色素细胞的增殖、存活，抑制黑色素的合成，是黑色素细胞外抑制剂中最主要的一种。目前，国外主要是从洋甘菊中提取这类物质。

3）黑色素运输阻断剂。黑色素运输阻断剂能降低黑色素小体向角质形成细胞的运输速度，从而起到美白的作用。其代表成分有尼克酰胺、壬二酸、绿茶提取物等。

4）化学剥脱剂。化学剥脱剂是通过软化角质层，加速角质层脱落速度，消除皮肤色素沉着，使皮肤呈现美白效果。其代表成分有果酸、胶原蛋白酶、溶角蛋白酶。

5）还原剂。还原剂能够将已合成的黑色素还原成无色的黑色素，或抑制多巴的自身氧化，阻断多巴进一步生成色素的途径。其代表成分有维生素 C 及其衍生物、维生素 E 及其衍生物、原花青素等。

6）自由基清除剂。自由基清除剂能够抑制酪氨酸的氧化反应，减少黑色素形成。具有这类作用的美白成分有维生素 C，维生素 E，超氧化物歧化酶（SOD），辅酶 Q，黄芩、人参、芦荟、绿茶等植物的提取物。

7）防晒剂。美白离不开防晒，这部分知识将在防晒成分中详细介绍。

（2）防晒成分。人们为了防止或减少因长时间暴露在阳光下，紫外线过度辐射对皮肤的损伤，在化妆品中特别添加了一种叫防晒剂的物质。防晒剂能够有效减少紫外线对皮肤产生的黑化现象、光致老化、光毒反应与光变态反应。

理想的防晒剂应具备以下特点：

• 颜色浅、气味小、无刺激、无毒性、无过敏性、无光敏性、安全可靠。

• 对光稳定，不易分解。

• 防晒效果好。

• 经济实惠，使用方便。

• 与化妆品其他组分相容性好。

防晒剂主要有紫外线屏蔽剂、紫外线吸收剂及生物性防晒剂三种，见表4—4。

表4—4 防晒剂的主要类型、特点和主要原料

主要类型	特点	主要原料
紫外线屏蔽剂	物理性防晒剂，通过对紫外线的散射或反射作用而减少紫外线对皮肤直接照射。这类防晒剂多为白色无机粉末，具有化学惰性，安全性和稳定性较好。缺点是影响皮脂腺和汗腺分泌，易堵塞毛孔，易脱落	二氧化钛（TiO_2）、氧化锌（ZnO）
紫外线吸收剂	化学性防晒剂，通过对UVA段和UVB段紫外线吸收达到防晒目的。这类物质还能将光能转换为热能，而本身结构不发生变化，常与紫外线屏蔽剂结合起来使用	对氨基苯甲酸及其酯类（PABA）、水杨酸酯类及其衍生物、邻氨基苯甲酸酯类、二苯酮及其衍生物、三嗪类、对甲氧基肉桂酸酯类、甲烷衍生物
生物性防晒剂	通过一些生物活性物质减少或清除由于紫外线辐射而造成的活性氧自由基对皮肤的损伤，促进晒后修复，是一种间接防晒	超氧化物歧化酶（SOD）、辅酶Q、谷胱甘肽、金属硫蛋白、维生素E、维生素C、植物提取物

（3）抗痤疮成分。痤疮的产生与诸多因素有关，目前现代医学认为主要有以下几个因素：雄激素代谢异常、毛囊皮脂腺导管角化异常、微生物感染和免疫失调等。根据对痤疮发病因素的认识，抗痤疮化妆品应从抑制皮脂分泌、溶解角质、抑菌消炎三个方面加以考虑。

常用的抗痤疮原料有水杨酸、过氧化苯甲酰（BPO）、壬二酸及其衍生物、果酸、间苯二酚及中药添加剂。水杨酸又称柳酸，是角质溶解剂，能够排除毛囊漏斗口内的角栓，使毛囊口通畅。过氧化苯甲酰是一种强氧化剥脱剂，可使角质软化、剥脱，其穿透力强并有良好的杀菌、除臭作用。但本品可能会在使用初期出现刺激性皮炎表现，属于限用化妆品，过敏者慎用。壬二酸有美白作用，对于粉刺及脓疱性痤疮有辅助治疗作用。果酸具有很强的剥脱作用，且可刺激细胞生长，可作为美白活性物质。同时，果酸可使皮肤表面维持一定的酸度，抑制细菌生长，具有杀菌抗炎作用。间苯二酚又称为雷琐辛，是角质溶解剂，有轻度的抗菌作用。常用于痤疮治疗的中药添加剂多有抗菌消炎作用，如桑白皮、枇杷叶、黄芩、黄连、苦参、栀子、大黄、金银花、蒲公英、连翘、丹参、硫黄等。

相关链接

常用化妆品功效性成分介绍

1. 表皮生长因子（Epidermal Growth Factor，EGF）

表皮生长因子是一类广泛存在于人和动物体内的、可促进或抑制多类细胞生长的多肽。EGF 具有促进表皮细胞、成纤维细胞生长的作用，显著加速皮肤表面创面愈合，提高皮肤修复的能力，可广泛地应用于创伤外科、皮肤外科。将 EGF 添加到化妆品中可有效促进表皮细胞生长，到目前为止尚未找到能够代替 EGF 作为促进表皮细胞生长的替代原料。EGF 在化妆品中添加量为2%～3%。

2. 碱性成纤维生长因子（basic Fibroblast Growth Factor，bFGF）

碱性成纤维生长因子在人体中含量甚少，但对皮肤细胞的分裂增殖和再生起到非常重要的作用。它能显著促进各层细胞的自我更新再生，增强细胞代谢活力，起到抗皱防衰的功效。一般将 bFGF 的冻干粉调配在化妆品中，添加量为 2%～5%。

3. 超氧化物歧化酶（Superoxide Dismutase，SOD）

超氧化物歧化酶是一种生物抗氧化酶。SOD 能清除体内生成过多的致衰老因子——超氧自由基，调节体内的氧化代谢，也被称为"抗衰老酶"。此外，SOD 对皮肤色素沉着具有明显的预防和减退作用，对初期发作的粉刺有明显疗效，也可防止紫外线对皮肤组织的损伤。SOD 的稳定性较差，在高温、强酸、强碱等情况下易失活。人工修饰后的 SOD 避免了这一缺点，且安全无毒无害、易于透皮吸收，被广泛应用于化妆品中。

4. 透明质酸（Hyaluronic Acid，HA）

透明质酸因其具有较高的保湿功能，被称为"天然保湿因子"。HA 作用于皮肤表面后，可在不同环境中自动调节平衡表皮水分，始终维持皮肤水分在25%～30%，保持皮肤的湿润、滑爽，使皮肤富有弹性，延缓皮肤衰老，起到抗皱防皱、美容养颜的作用。HA 易被紫外线、高温所破坏，所以产品应避光低温保存。HA 在化妆品中添加量为 0.05%～0.1%。

5. 甲壳素（Chitin）

甲壳素是从虾、蟹壳中提取的一种天然高分子氨基多糖，被誉为地球上除植物以外的第二大纤维源。甲壳素安全无毒，对人体皮肤无刺激，结构与人体皮肤天然保湿成分接近，对皮肤具有良好的保湿性和润滑性。甲壳素可在皮肤或毛发表面形成一层保护膜，既可保护皮肤、毛发，又不妨碍其正常的呼吸及代谢。甲壳素在化妆品中添加量为3％～5％。

6. 人参

人参是一种名贵的药材，广泛分布于我国东北等省，以吉林和辽宁所产的人参最为著名，它具有养心、健身、补气、安神、益寿等多种滋补功能。人参提取物具有调节机体新陈代谢、促进细胞繁殖和延缓细胞衰老的作用；具有抗氧化及清除自由基活性、减少脂褐素在体内沉积的功效；还能增加机体免疫功能和提高造血功能，从而使皮肤光滑、柔软、有弹性，起到减少皱纹、减轻色素沉着及延缓皮肤衰老、防止头发脱落的作用。此外，它还具有消炎、镇痛的功效。因此人参提取物广泛应用于化妆品中，如护肤霜、粉刺霜、防皱霜、乳液和护发制品等。

7. 灵芝

灵芝是一种名贵的药材，有"仙草"之称，传说有长生不老的功效。它能增强心脏功能，促进血液循环，延长人的寿命，具有清除体内自由基的生理活性和对皮肤具有保湿、美白、防皱、抗衰老等作用，是化妆品极好的营养滋补添加剂，常添加于膏霜类产品中。

8. 芦荟

芦荟属热带植物，世界各地都有分布，我国海南、广东、广西、福建等地都有种植。芦荟提取物为半透明、灰白色至浅黄色液体，有特殊气味，具有止痛、消炎、通便、抑菌、止痒、收敛和健胃等多种功效。芦荟提取物对人体皮肤具有优良的营养和滋润作用。具有保湿、抗敏、促进皮肤新陈代谢，减轻皮肤皱纹、增强皮肤弹性和光泽、生发乌发等多种功能，也具有防晒、润肤、祛斑、防治痤疮等多种功效，因此芦荟提取物被广泛应用于化妆品中。

学习单元2　化妆品的选择与应用

【学习目标】

1. 熟悉化妆品的特性。
2. 掌握护肤类化妆品的特点、主要成分及作用。
3. 掌握粉饰类化妆品的特点、主要成分及作用。
4. 掌握不同类型面膜的成分、性状、作用与应用。
5. 掌握易引起皮肤过敏的化妆品成分及皮肤过敏的表现。

【知识要求】

一、化妆品的特性

我国政府在2007年颁发的《化妆品卫生规范》中对化妆品做了如下定义：化妆品是指以涂擦、喷洒或其他类似的方法，散布于人体表面任何部位（皮肤、毛发、指甲、口唇等），以达到清洁、消除不良气味、护肤、美容和修饰目的的日用化学工业产品。化妆品是与人类日常生活密切相关的一类消费品，它应具有以下基本特性：

1. 高度的安全性

高度的安全性是化妆品的首要特性。化妆品是与人体直接接触的日用化学品，接触时间长、使用范围广，一旦有毒副作用，对人体造成危害会更大。为了给消费者提供符合卫生要求的化妆品，防止化妆品对人体造成危害，我国制定了《化妆品安全性评价程序和方法》，适用于在我国生产和销售的一切化妆品原料和化妆品产品。

2. 良好的使用性

化妆品在制造过程中要注重其使用性。良好的使用性能让人们更加乐意去接触、尝试某种产品，反之则会出现抗拒情绪。这就需要产品不仅色、香兼备，而且还必须舒适。例如，美容类化妆品强调美学上的润色，芳香类产品则在整体上让人感觉舒适。总之，化妆品能够满足大多数人群的使用需求即可。

3. 一定的功效性

化妆品与药品不同，药物的使用对象是病人，而化妆品的使用对象是健康人群。药品主要依赖于药物成分的效能和作用，而化妆品有效性主要依赖于配方中的活性物质及构成配方主体的基质的效果。化妆品不仅有助于保持皮肤正常的生理功能，同时又具有配方所能达到的一定疗效。

4. 相对的稳定性

考虑到化妆品最终使用阶段和货架寿命，要求其在一段时间内（保质期内），即使在气候炎热或寒冷的环境中，产品在胶体化学性能和微生物存活方面能保持长期的稳定性。化妆品的稳定性是相对的，对绝大多数化妆品来说，只需在2～3年内稳定即可，不可能永远稳定。

二、护肤类化妆品

护肤类化妆品是指滋润、营养、保护皮肤的化妆品。它能保持皮肤水分充足，还能补充重要的油性成分，并能作为活性成分和药剂的载体，使之为皮肤所吸收，达到调理、营养皮肤的目的。

1. 膏霜类护肤品的特点及主要成分、作用

膏霜类护肤品是含固态油性原料相对较多的半固态乳剂制品，是出现最早，也是当今市面上较多的一类制品。常见膏霜类护肤品有雪花膏、润肤霜和冷霜（见表4—5）。

表4—5　　　　　　　　　　膏霜类护肤品的特点及主要成分、作用

分类	定义	特点	主要成分	作用
雪花膏	它是一类以硬脂酸和碱反应得到的产物——硬脂酸盐作为阴离子型乳化剂，对体系中的水和剩余硬脂酸进行乳化而制成的水包油型膏霜类化合物	非油腻性护肤品，含水量高达70%左右，气味芳香宜人，外观洁白如霜，涂在皮肤上犹如雪花般立即消失，使用滑爽舒适	硬脂酸：三压硬脂酸　碱：碳酸钠、硼酸、三乙醇胺　水：去离子水或蒸馏水　添加剂：多元醇、液体石蜡、防腐剂、香精等	含水量大，质地洁白松软，用后可使肤柔软、白皙，滋润皮肤及抗御风寒的功效强
润肤霜	它的油分含量为40%～60%，处于弱油性的雪花膏与含油高的冷霜之间，又称中性膏霜	膏体细腻，气味高雅，易于涂抹，具有良好的延展性，酸碱度一般为中性	油相原料除包括雪花膏所使用的外，还包括蜂蜡、羊毛脂、角鲨烷及各种植物油；水相原料还包括各种天然保湿因子	赋予皮肤滋润性保湿油膜，营养、滋润皮肤，并保持皮肤的水分

续表

分类	定义	特点	主要成分	作用
冷霜	它是一种典型的油包水型乳化体，因其涂抹在皮肤上会产生凉快的感觉，因此称为冷霜，又称为香脂或护肤脂	油性膏霜，含油量＞50％，有光泽，无水油分离现象，涂抹在皮肤上会形成一层油脂膜，有油腻感	蜂蜡、硼砂、液状石蜡、去离子水或蒸馏水、防腐剂、香精等	保护皮肤免遭干燥和寒冷空气侵袭，防止皮肤粗糙或皲裂，是干性皮肤和气候干燥地区人群的护肤佳品

2. 蜜类护肤品的特点及主要成分、作用

（1）蜜类护肤品的特点。蜜类护肤品又称为乳液、露或奶液，是一种液态霜，具有流动性好、黏度较低、倾倒容易的特点。此类产品多为水包油型乳剂，不油腻，使用后清爽舒适，尤其适合夏季或油性肌肤使用。

（2）蜜类护肤品的主要成分。蜜类护肤品的组分与膏霜类护肤品相似，只是固态油相原料含量更低，水分含量相对增大。油相原料包括羟类、酯类、高碳醇、脂肪酸等，具有润滑、保湿作用；水相原料包括去离子水或蒸馏水、低碳醇、多元醇、水溶性高分子化合物等；添加剂包括色素、香料、防腐剂等。

（3）蜜类护肤品的作用。蜜类护肤品多作皮肤保湿之用，而且有调湿作用，可于敷粉前打底用，或润滑皮肤。干燥皮肤适用的蜜类护肤品应含有较多的油脂润肤剂，油性皮肤适用的蜜类护肤品应含有果汁、维生素 C 或收敛剂。

3. 液体护肤品的特点及主要成分、作用

（1）特点。液体护肤品是指具有液体样流动性的化妆品，最常见的液体护肤品是化妆水。化妆水也称为收缩水、爽肤水或养肤水，是一类油分含量较少、外观呈透明，具有清洁、收敛、保湿、杀菌、防晒、营养等功能的水剂类化妆品。目前，市面上销售的化妆水品种类繁多，最流行的一种分类方式是按其使用目的和功能分为收敛性化妆水、清洁用化妆水、柔软性化妆水、营养性化妆水、平衡水等。

（2）液体护肤品的主要成分。水是液体护肤品的主要原料，其用量在化妆品原料中所占比例最大，含量一般不低于 60％，它既可补充角质层水分，柔化肌肤，又可作为溶剂使用。乙醇是液体护肤品仅次于水的主要原料，用量一般在 30％ 以下，具有消毒杀菌的作用。液体护肤品中的药剂主要是根据不同使用目的进行适量添加，主要有收敛剂、杀菌剂及甘草亭酸、泛醇、甘草黄酮等特殊添加剂。

（3）液体护肤品的作用。收敛性化妆水主要是抑制皮肤分泌过多的油分，从而起到收敛、调整皮肤的效果；清洁用化妆水主要是清洁皮肤和卸除淡妆；柔软性化妆水具有补充皮肤水分和少量油分，保持皮肤湿润、柔软的作用；营养性化妆水的作用与柔软性化妆水的作用相似，但营养性化妆水中营养成分含量更高，更倾向于补充肌肤养分；平衡水具有调节皮肤水分和平衡皮肤 pH 值的作用。

4. 护肤化妆品的选择与应用

护肤化妆品的选择和应用是在综合考虑各方面因素的情况下做出的判断。可根据以下情况选择护肤化妆品：

（1）按年龄选择。根据不同年龄段皮肤的特性选择护肤化妆品，年龄段可分为婴幼儿、青年人、中老年人三个阶段（见表4—6）。

表4—6　　　　　　　　　　　　　　　　按年龄选择化妆品

	婴幼儿	青年人	中老年人
皮肤特点	皮肤面积相对较大，从毛孔蒸发的汗液是成人的2倍；皮肤角质层较成人薄，防止有害物入侵的能力弱；皮肤水分含量多，约占体内水分的13％；皮肤偏于碱性，而成人的呈酸性，故婴儿皮肤容易遭受细菌感染	进入青春期后，皮脂腺分泌旺盛，角质形成细胞增生活跃，真皮胶原纤维也开始增多，并由细弱变为致密，因此这个时期的皮肤状况最好，皮肤显得坚实、柔润、细滑和红润。但是，很多人由于青春期激素分泌增加，皮脂腺分泌旺盛，开始出现痤疮、粉刺、毛囊炎等皮肤疾患	由于年龄的影响，中老年人皮肤出现缺水干燥、松弛下垂、皮脂分泌不足等现象
化妆品选择	宜选用无刺激的、少油的营养性雪花膏或蜜类护肤品，或是儿童专用护肤品	中性皮肤此时可选用蜜类或雪花膏、润肤霜等护肤品；油性或痤疮皮肤应选用收敛性化妆水、控油保湿护肤品或抗痤疮化妆品	应选用保湿作用强、营养成分高的护肤品，同时也要注意防晒产品的选用，以减缓因紫外线伤害加速皮肤老化

（2）按皮肤类型选择。根据皮肤角质层内含水量、皮脂分泌量等特征，医学上常将皮肤分为油性皮肤、中性皮肤、干性皮肤、混合性皮肤、老化皮肤及敏感性皮肤（见表4—7）。

表4—7　　　　　　　　　　　　按皮肤类型选择化妆品

皮肤类型	皮肤特点	化妆品选择
油性皮肤	皮肤油光发亮、毛孔粗大、肤色较黑，易产生粉刺和痤疮，对外界刺激不敏感	可选用凝胶状、水剂或含油较少的乳剂型护肤品。此外，油性皮肤应加强清洁，防止毛孔堵塞形成粉刺或痤疮

续表

皮肤类型	皮肤特点	化妆品选择
中性皮肤	皮肤皮脂和水分分泌平衡，是最理想的皮肤状态。皮肤不干、不油、红润、细腻、有光泽、有弹性，对外界刺激不易敏感	此类皮肤护肤品选择范围较大，一般的膏霜类护肤品均可使用，保养重点是维持水油平衡
干性皮肤	皮脂和水分分泌偏少，皮肤干涩无光泽、皮肤细腻、白皙、毛孔细小，易产生皮屑和细小皱纹，干性皮肤又分为缺水性和缺油性两种	此类皮肤需要补充水分和蛋白质，选用以保湿、营养为主、油包水型的护肤品
混合性皮肤	T区和两颊的皮肤油脂分泌不均，根据T区和两颊的对比情况可分为混合性偏油性皮肤和混合性偏干性皮肤	应选用中性化妆品
老化皮肤	由于年龄的影响，皮肤出现缺水干燥、松弛下垂、皮脂分泌不足等现象	应选用保湿作用强、营养成分高的护肤品，同时也要注意防晒产品的选用，以减缓因紫外线伤害而加速的皮肤老化
敏感皮肤	皮肤毛孔紧闭，皮肤细薄，毛细血管明显可见，受到外界刺激后极易出现发红、发热、发痒、起疹、脱屑等现象	此类皮肤比较娇弱，在选择护肤品时要谨慎小心。宜选用弱酸性，不含香料、防腐剂等有刺激性原料的护肤品，也可交替使用防过敏和中性护肤品

（3）按季节选择。根据季节的不同选择护肤化妆品，见表4—8。

表4—8 按季节选择化妆品

	夏季	冬季
皮肤特点	夏季天气炎热，皮肤血液循环加快，汗腺与皮脂腺分泌增加	冬季天气寒冷干燥，皮肤也会变得干燥、粗糙，甚至出现脱皮、皲裂
化妆品选择	一般应少用油分含量过高的护肤品，如冷霜等，多用含水量多的蜜类护肤品和收敛性化妆水	宜选用冷霜、营养霜以保养皮肤，并可适当配合按摩

（4）按性别选择。男性与女性在皮肤生理上的差异决定了其护肤化妆品的选择。男性皮肤多油腻，毛孔粗大，适合用油分含量少的雪花膏补水，兼有一定的清洁、杀菌、控油、促毛囊正常角化的功能；女性皮肤比男性皮肤细腻、白皙，油脂分泌弱于男性，可根据具体情况做适当选择。

三、粉饰类化妆品

粉饰类化妆品又称为彩妆类化妆品或美容类化妆品，主要用于面部、眉眼部、唇部及指甲等部位，可起到修饰矫形、掩盖缺陷、赋予色彩、美化容貌、增添魅力等作用。粉饰类化妆品已广泛应用在人们日常生活中，对人物形象塑造起到重要作用。粉饰类化妆品的种类繁多，根据使用目的和部位可分为修颜化妆品、眉目用化妆品、唇部用化妆品及指甲用化妆品等（见表4—9）。

表 4—9 粉饰类化妆品的分类

分类	举例
修颜化妆品	粉底霜、粉底液、香粉、粉饼、胭脂等
唇部用化妆品	口红、唇线笔、润唇膏等
眉目用化妆品	睫毛油、眼线笔（液）、眼影膏、眉笔等
指甲用化妆品	指甲油、底层涂剂、表面涂剂、去膜剂、指甲擦光剂、角质层去除剂等

1. 修颜化妆品的特点及主要成分、作用

修颜化妆品是指应用于面部（包括颈部）的粉饰类化妆品，根据使用目的的不同，可分为粉底、香粉、胭脂三大类别。

（1）粉底。粉底是用来调整肤色、掩盖瑕疵、修正容颜、滋润保湿的一类化妆品。涂抹粉底是美容化妆的基础，可为进一步美容化妆作准备，故也称为"打底"。

粉底配方的主要成分包括粉质原料（钛白粉、滑石粉、着色颜料等）、滋润剂（硅油、矿油、羊毛脂等油脂）、表面活性剂（以阴离子型及非离子型表面活性剂为主）、高效保湿因子、营养剂（植物提取液）。

粉底的种类很多，按照基质体系可分为水性粉底、乳化型粉底、油性粉底、粉底饼。

1）水性粉底。水性粉底是将粉质原料、颜料、保湿剂、滋润剂等分散于水中形成的一种粉底。此类产品配方轻柔、紧贴皮肤、透明感强，但遮盖力较弱，适用于各类型皮肤。

2）乳化型粉底。乳化型粉底是以乳液或膏霜为基质并使粉质原料分散其中的制品。此产品具有较好的黏着性、伸展性、滋润性，且无油腻感。膏霜状乳化型粉底比乳液状乳化型粉底遮盖力度强，常用于快速化妆。

3）油性粉底。油性粉底是将粉质原料分散在油、油脂及蜡等混合而成的基质中制

成的产品。油性粉底不含水分，粉质细腻、色泽均匀、软硬适中，在皮肤上的延展性、黏附性和遮盖性均较好，能形成耐水性涂膜，常作为浓妆前打底之用。同时，因其含较高油性成分，因此能预防皮肤干燥，适用于干性皮肤及秋冬干燥季节。

4）粉饼。粉饼是用油和表面活性剂处理粉质原料的表面后压缩成固体的制品，属于固态粉底。其特点为对皮肤滋润性差，且易吸收面部油脂，涂抹时皮肤有爽快感，便于携带，补妆时使用最方便。粉饼又分为干粉饼和湿粉饼：干粉饼适合油性皮肤，在使用前先涂抹营养霜，使其易上妆；湿粉饼适合中性、干性皮肤，用湿润的海绵扑将粉饼点按在皮肤上，粉饼形成涂膜吸附在皮肤上，且不易脱落。

（2）香粉。香粉是涂敷在人体皮肤表面，用来遮盖皮肤缺陷、调整肤色、滑爽肌肤、吸收油脂、固定底妆、防止紫外线的一种粉状化妆品，又称为蜜粉、散粉。

香粉的主要成分有滑爽剂（滑石粉）、遮盖剂（钛白粉、氧化锌等）、吸湿剂（碳酸镁、碳酸钙、胶态高岭土、淀粉、硅藻土等）、黏附剂（硬脂酸锌、硬脂酸镁等）、颜料（赭石、褐土）、香精等。

香粉应具有以下特性：

1）遮盖力强。香粉具有遮盖皮肤本色或面部缺陷（如面部色素沉着）的作用，并可赋予面部良好肤色。

2）滑爽性好。香粉因其含有滑石粉，所以能在皮肤表面涂敷均匀。

3）吸收性佳。香粉能对香精、油脂和水分具有一定的吸收能力，上妆后不易脱落。

4）黏附性好。香粉具有良好的黏附性，不至于用后脱落。

5）颜色和香气。香粉一般都带有颜色和香气，使用者通过香粉颜色调整肤色，而香气使人心旷神怡。

（3）胭脂。胭脂又被称为腮红或颊红，具有修改面型、补充血色、增加魅力的作用。适当地涂抹胭脂可使人体现健康、艳丽、年轻、明快的状态。传统胭脂形态有两种：一种是与粉饼相似的粉质块状，称为胭脂块或固形胭脂；另一种制成膏状，称为胭脂膏或膏状胭脂。此外，胭脂还有粉状、液状等。

市面上常用的胭脂是将粉体、胶合剂、香精等混合后，压制成固实的饼状粉块，采用金属底盘，然后以金属、塑料或纸盒盛装。此类型胭脂粉末细腻、色泽均匀、遮盖力强，使用方便。胭脂块的原料大致与香粉相同，只是色素用量比香粉多，香精用量比香粉少。胭脂的主要成分包括粉质原料（滑石粉、高岭土、钛白粉、锌白粉、碳酸钙、碳酸镁、硬脂酸镁等）、色素（有机色淀、胭脂虫红等）、黏合剂（有水性黏合剂、脂溶性黏合剂、乳化型黏合剂及粉类黏合剂四类）。

与胭脂块不同，胭脂膏是在原料中加入了油脂，以油脂和颜料为主要原料调制而成，不再需要黏合剂。胭脂膏质地柔软、滋润力强、敷用方便，还可作为唇膏使用。

液体胭脂是把颜料分散在膏霜中的胭脂，又称为乳化型胭脂、胭脂水。液体胭脂通透性好，可以迅速渗透肌肤表层，给肌肤带来更剔透自然的红润效果。

2. 眉目用化妆品的特点及主要成分、作用

眉目用化妆品是用来修饰或美化眉毛、眼睛部位的美容化妆品。对眉目进行必要的美容修饰，可以弥补眼部缺陷，使眼睛更加传神、富有情感、明艳照人。常用的眉目粉饰化妆品主要有眼影、眉笔、睫毛化妆品等。

（1）眼影。眼影是涂敷于眼窝周围上下眼睑处的眼部化妆品，它使上下眼睑形成阴影，增加眼睛的深邃感，塑造眼睛轮廓，强化眼神魅力。眼影应易于涂描，涂抹无油光，遇水不晕化，安全性能高，对眼部无刺激性，根据剂型可分为眼影粉、眼影膏、眼影液等。

眼影粉的主要成分包括粉料（滑石粉、硬脂酸锌、高岭土、碳酸钙等）、颜料（无机或珠光颜料）、防腐剂和胶合剂等。眼影粉呈粉块状，各种颜色的眼影粉常放置在精美的塑料盒中，便于携带。

眼影膏由油脂、蜡、颜料等组成，配方与胭脂膏基本相同。眼影膏的色彩没有眼影粉丰富，但涂后显得滋润，有光泽。

眼影液是以水为介质，加入聚乙烯吡咯烷酮、硅酸铝镁等增稠稳定剂，将颜料均匀稳定地悬浮于水中。眼影液价格低廉，置于滚珠式包装中，涂抹容易。

（2）眉笔。眉笔是用来修饰眉毛，改善眉毛过细、过淡或稀疏散乱状态的美容化妆品，又称为眉黛、眉墨。制作眉笔的主要成分有液状石蜡、羊毛脂、可可脂、蜂蜡、巴西棕榈蜡和颜料等。眉笔的颜色以黑色为主，其次为棕色或深灰色。眉笔应具备软硬适中、容易描画、不易折断、色彩自然等特点。

（3）睫毛化妆品。睫毛化妆品是用来修饰、美化睫毛的美容化妆品，它能增加色泽，使睫毛浓密延长，增加睫毛的立体感。睫毛化妆品的颜色以黑色、棕色为主，种类主要包括睫毛油和睫毛膏两种。好的睫毛化妆品涂刷容易，使用后能在眼睫毛上迅速干燥，并结成光滑的薄膜，刷后睫毛不会互相黏着，不会在眼睛周围晕开，卸妆时又容易抹掉，对眼睛安全，无毒、无刺激。

睫毛油的主要原料包括硬脂酸三乙醇胺酯、蜂蜡、凡士林、角鲨烷、羊毛脂、巴西棕榈蜡等油相物质，丙二醇、丁二醇、三乙醇胺、炭黑等水相物质。睫毛油易于使用螺旋状小型刷子涂描于睫毛上。

睫毛膏的主要原料与睫毛油基本相同。使用时，用睫毛刷蘸取少许睫毛膏直接涂在睫毛上即可。

3. 唇部用化妆品的特点及主要成分、作用

唇部用化妆品是直接涂抹于口唇部位，赋予唇部色彩、光泽，同时滋润、保护口唇，防止其开裂的美容化妆品。由于唇部用化妆品直接涂抹于口唇，极易进入口中，因此对其安全性要求很高。唇部用化妆品根据其产品形态可分为唇膏（棒状唇膏、液态唇膏）、唇线笔等。

（1）唇膏。唇膏是一种涂抹于唇部，能增加唇部色泽，改变唇部颜色，同时还可以滋润、保护唇部皮肤的美容化妆品。唇膏在制作中要求其光泽度好、油润性佳、软硬适中、色彩鲜艳、易于涂抹、卸妆容易。

唇膏的主要成分包括蜡、油脂、色素和香精等，见表4—10。

表 4—10　　　　　　　　　　　唇膏的主要成分和常用原料

主要成分	常用原料
蜡	巴西棕榈蜡、地蜡和羊毛脂
油脂	矿物油、蓖麻油、凡士林、可可脂、单硬脂酸甘油酯、高级脂肪酸酯、低度羟化植物油等
色素	可溶性染料：溴酸红 不可溶性染料：氧化铁、云母、炭黑、二氧化钛 珠光颜料：氯氧化铋
香精	食用香精，对人体无毒、无刺激性 常选用花香型或果香型香精

唇膏按其形态可分为棒状唇膏和液态唇膏。棒状唇膏是最常见的唇膏类型，其色彩种类繁多，质感多样化。液态唇膏也叫唇彩、唇蜜，质地透明，不需要强调唇线，效果不持久。液态唇膏装在小瓶子内，一般用小刷子刷涂。

（2）唇线笔。唇线笔具有美化嘴唇、描绘唇形，防止唇膏外溢的作用。唇线笔的笔芯是将油脂、蜡、颜料混合，经研磨后在压条机内压制而成，然后黏合在木杆中，像铅笔一样，用小刀把笔头削尖即可。唇线笔的笔芯因软硬程度的不同，可分为软芯和硬芯。软芯的唇线笔与棒状唇膏作用相似，但画出的唇形更清晰；硬芯的唇线笔适合于勾画唇部轮廓，防止唇膏外溢。

4. 指甲用化妆品的特点及主要成分、作用

指甲用化妆品是指涂敷在指甲上起到清洁、美化、保护等作用的美容化妆品。最常见的指甲用化妆品有指甲油、指甲油清除剂等。

（1）指甲油。指甲油是用来美化指甲，对指甲具有赋色保护作用的指甲用化妆品。

指甲油能在指甲表面形成一层耐摩擦的薄膜，对指甲无毒、无损伤。指甲油也是用量最大、最重要的指甲用化妆品。

指甲油由成膜剂、树脂、增塑剂、溶剂、颜料、珠光剂等组成。其中，成膜剂和树脂对指甲油的性能起关键作用。成膜剂主要由一些合成或半合成的高分子化合物组成，如硝酸纤维素、乙酸纤维素、聚乙烯化合物、丙烯酸甲酯聚合物等；树脂可增加硝酸纤维薄膜的亮度和附着力，常用的有虫胶等天然树脂和醇酸树脂、丙烯树脂、氨基树脂等合成树脂；增塑剂可使涂膜柔软、持久，不易收缩变脆，常用的有磷酸三甲苯酯、苯甲酸苄酯、磷酸三丁酯等；溶剂能溶解成膜剂、树脂、增塑剂，能调节指甲油的黏度，使指甲油具有适宜的挥发度，常用的有正丁醇、乙酸乙酯及异丙醇；颜料一般采用不溶性颜料；珠光剂一般采用天然鳞片或合成珠光颜料。

指甲油一般装在玻璃小瓶里，色彩艳丽，稠度适中，瓶中配有专用小刷子，便于携带和使用。

（2）指甲油清除剂。指甲油清除剂是用来清除指甲上的指甲油膜的指甲用化妆品。指甲油清除剂主要成分是溶剂，常用的溶剂有丙酮、乙酸乙酯、乙酸丁酯等。溶剂中还需加入油脂、蜡类物质，以减少溶剂对指甲脱脂引起的干燥开裂。

5. 不同皮肤对粉饰化妆品的选择与应用（见表4—11）

表4—11　　　　　　　不同皮肤对粉饰化妆品的选择与应用

化妆品	中性皮肤	油性皮肤	干性皮肤	混合性皮肤	敏感性皮肤
粉底	水性粉底、乳化型粉底、干湿粉饼、香粉	水性粉底、干粉饼、吸收性好的香粉	油性粉底霜、湿粉饼、吸收性较差的香粉	乳化型粉底、湿粉饼	乳化型粉底、含有抗敏成分的香粉
眼影	眼影粉、眼影膏	眼影粉	眼影膏	眼影膏、眼影粉	眼影膏、眼影粉
唇膏	各种唇膏	各种唇膏	液态唇膏	各种唇膏	含有抗敏成分的唇膏

四、面膜

面膜是指涂敷于面部皮肤，经一定时间干燥后，在皮肤表面能够形成膜状物，将皮肤与外界空气隔离，最终可剥离或洗去的一类美容制品。面膜是集洁肤、护肤、美肤为一体的多功能化妆品。面膜的产生可以追溯到远古时期，早在古埃及金字塔时代，人们已知道利用一些天然的原料，如土、火山灰、海泥等敷面部或身体，发现这些物质具有不可思议的治疗效力。如今，面膜已经广泛应用于美容院和居家护理中。

面膜的作用是多方面的，主要有以下几方面：

• 深层清洁作用：能深层次清洁皮肤的废物和老化角质。

• 保湿作用：能增加皮肤的水合作用，使皮肤柔软湿润。

• 促进营养物质吸收：面膜的覆盖使皮温上升、毛孔扩张，能更加有效地吸收面膜中的活性营养物质。

• 减少皱纹：面膜在干燥的过程中产生一定张力，增加皮肤的紧张度，有利于减少或消除皱纹。

1. 面膜的分类

面膜可根据其对皮肤的作用、适用的皮肤类型和面膜的基质组成进行分类，具体分类方法见表4—12。

表4—12　　　　　　　　　　　各种面膜分类方法

按面膜对皮肤的作用分类	按适用皮肤类型分类	按基质组成分类	按性状分类
面部生热面膜 收缩毛孔面膜 油性皮肤面膜 治粉刺面膜 丘疹和轻度皮疹面膜 治疤痕和脂痣面膜 治雀斑面膜 治灰黄皮肤面膜	干性皮肤面膜 敏感性皮肤面膜 衰老性皮肤面膜 油性皮肤面膜 混合性皮肤面膜	蜡基面膜 橡胶基面膜 乙烯基面膜 水溶性聚合面膜 土基面膜	剥离面膜 粉状面膜 膏状面膜 贴布式面膜 硬膜

2. 面膜的主要成分、性状与作用

（1）剥离面膜

1）剥离面膜的定义。这类面膜一般为软膏状和凝胶状，将其涂敷于面部后，在皮肤表面能形成一层可剥离的薄膜。

2）剥离面膜的主要成分。剥离面膜的配方组分主要包括成膜剂、粉剂、保湿剂、油性成分、表面活性剂、醇类、增塑剂、防腐剂、香精等原料。成膜剂是剥离面膜的重要组分，通常为水溶性高分子化合物，如聚乙烯醇（PVA）、聚乙烯吡咯烷酮（PVP）、明胶、丙烯酸聚合物、聚氧乙烯等。成膜剂种类的选择和成膜剂的用量与剥离面膜的成膜厚度、速度、膜的软硬度及薄膜剥离性的好坏有密切的关系。在软膏状剥离面膜中含有粉体原料，如高岭土、二氧化钛、氧化锌或淤泥等，能吸收皮肤分泌的油脂及皮肤上的污垢，起到更好的洁肤作用。

3）剥离面膜的性状。剥离面膜分为软膏状和凝胶状两种。软膏状剥离面膜含有粉体原料，而凝胶状剥离面膜不含粉体原料。

4）剥离面膜的作用。剥离面膜具有促进皮肤血液循环、增强皮肤吸收、清除皮肤油脂污垢的功能。

（2）粉状面膜

1）粉状面膜的定义。这类面膜属于比较老式的面膜，是一种均匀、细腻、无杂质的混合粉末状制品，可与水、化妆水、乳液、果汁等混合后使用。使用时应与适量的水或其他液体调和成糊状，然后均匀涂于面部，经过10～20分钟后，糊状物逐渐在面部形成一层较厚的膜状物，再将膜状物剥离或用水洗净。

2）粉状面膜的主要成分。粉状面膜主要原料包括粉类基质原料、成膜剂及功能性原料等（见表4—13）。

表4—13   粉状面膜的主要成分和常用原料

主要成分	常用原料
粉类基质原料	高岭土、二氧化钛、二氧化锌、滑石粉等
成膜剂	海藻酸钠、淀粉、硅胶粉等，但形成干粉状膜的粉状面膜不含成膜剂
功能性原料	中药原药材粉末、中药提取物粉等

3）粉状面膜的性状。使用前面膜为粉末状，使用时加入水或其他液体调和成糊状，水分蒸发后形成胶性膜状物或干粉状膜。

4）粉状面膜的作用。粉状面膜具有滋润皮肤、补充皮肤的水分和营养、深度清洁肌肤、增强皮肤吸收功能的作用。

（3）膏状面膜

1）膏状面膜的定义。膏状面膜是一类不能成膜剥离的，在使用过程中需要用吸水海绵进行擦洗的面膜类型。在皮肤护理中，膏状面膜涂敷在面部一般都比剥离面膜更厚，目的是使面膜中的营养成分能够被充分吸收。

2）膏状面膜的主要成分。膏状面膜中含有较多的黏土类成分，如高岭土、硅藻土、淀粉等，还含有具润肤作用的油性成分，如橄榄油、荷荷巴油等，以及能够营养皮肤和改善皮肤功能的功能性原料，如海藻胶、甲壳素、深海泥、中药粉等。

3）膏状面膜的性状。呈膏状，涂敷后不能成膜剥离，需水洗去除。

4）膏状面膜的作用。此类面膜中既含有丰富的水分，又含有大量的油分，有利于皮肤营养物质的吸收。因此，膏状面膜受到许多专业美容机构的青睐，常被用作皮肤护理的底膜。

（4）贴布式面膜

1）贴布式面膜的定义。贴布式面膜又称美容面膜巾，采用面膜载体吸附技术将有效成分浸入裁剪成人的面部形状的无纺布中，使用时将其敷于面部，经过 15～20 分钟，将面膜取下。

2）贴布式面膜的主要成分。贴布式面膜液的主要成分有保湿剂、润肤剂、活性物质、防腐剂及香精等。其中，活性物质常用维生素、表皮生长因子、微量元素、天然氨基酸、珍珠水解液、天然保湿因子（N、M、F）等。

3）贴布式面膜的性状。贴布式面膜使用方便，感觉舒适，便于携带和长时间保存，且能迅速改变皮肤角质层含水量，其有效成分很容易被皮肤吸收，但清洁效果较差，使用后的贴布不能重复使用。

4）贴布式面膜的作用。根据所添加有效成分的不同，对皮肤起不同的作用。

（5）硬膜

1）硬膜的定义。硬膜又称为"倒膜"，是指以半水石膏为主要原料加入适量低温水调成糊状，均匀敷于面部或身体其他部位，约 10 分钟形成的硬壳膜，如同面具一般，可整体揭去。

2）硬膜的主要成分。硬膜的主要成分是半水石膏（$CaSO_3$），又称为生石膏或石膏石，是一种天然矿物质。

3）硬膜的性状。硬膜根据敷膜者的感受分为热膜与冷膜两种。实际上无论是热膜还是冷膜，膜体在凝固膜过程中均会释放热量，只是在冷膜中添加了少量清凉的物质，如薄荷、冰片、菊花等，让敷硬膜者感到凉爽。

4）硬膜的作用。热膜在凝固的过程中，由于石膏与水发生水合作用，产生热量，可促进皮肤血液循环，加速新陈代谢，促进营养物质的吸收，也可获得较为深度的清洁效果；冷膜因其添加清凉或具有清热解毒的药物，可收缩毛孔，清热消炎。热膜适合于中性、干性、混合性皮肤，一般冬季多用；冷膜适用于油性皮肤或暗疮性皮肤，常在夏季皮肤护理时使用。

3. 面膜的应用

面膜是皮肤护理中的重要内容，针对各类皮肤特点定期敷用面膜，可以平衡油性皮肤水油平衡，收敛粗大的毛孔，恢复干枯皱褶的皮肤光泽，抑制暗疮皮肤炎症，镇静、安抚脆弱敏感肌肤，还能给予皮肤充足的养分。

五、化妆品易引起的皮肤过敏

皮肤过敏是一种很常见的过敏形式，20%的人有皮肤过敏现象。随着化妆品工业的不断发展及化妆品日益广泛的使用，不良反应也随之增多，因化妆品引起的皮肤过敏是其中极其常见的一种。不仅劣质化妆品易引起皮肤过敏，一些进口高档化妆品也时常发生这类现象。

1. 易引起皮肤过敏的化学成分

引起皮肤过敏的原因有很多种，而化妆品是重要原因之一。化妆品中的某些成分对皮肤细胞产生刺激，使皮肤细胞产生抗体，从而引起过敏。化妆品中导致过敏的原料主要是香料、防腐剂、重金属和表面活性剂（见表4—14）。

表 4—14　　　　　　　　　　易引起皮肤过敏的化学成分

原料	化学成分
香料	大花茉莉香精、晚香玉 A 型香精、白玫瑰香精、紫丁香精、桂花香精、柠檬油、檀香油
防腐剂	咪唑烷基脲、对羟基苯甲酸酯、布罗波尔、甲醛、苯二胺、氯化钴、硫酸镍、松香
重金属	铅、汞
表面活性剂	十二烷基硫酸钠、聚氧乙烯烷基硫酸钠、烷基磷酸酯类、十六烷基三甲基溴化铵、十八烷基三甲基氯化铵

2. 化妆品引起的过敏反应

化妆品引起的过敏反应是由淋巴细胞介导的迟发型超敏反应。最先发生的是接触部位，也可扩展到接触周围或远隔部位，以接触部位症状较严重。临床表现为皮肤发红、肿胀、瘙痒、丘疹、小水疱、渗液、糜烂等，还可出现打喷嚏、流鼻涕、流泪、气道阻塞等症状。染发剂引起的过敏反应一般头皮症状较轻，而发际缘、耳后皮疹更明显，严重者会出现头面部肿胀及周身不适等症状。在极罕见的情况下，过敏反应甚至可能会危及生命，如过敏性休克。

相关链接

化妆品皮肤病

化妆品皮肤病是指因接触或使用化妆品后，引起的类似于皮肤黏膜及其附属器病变的表现，包括化妆品接触性皮炎、化妆品光感性皮炎、化妆品皮肤色素异常、化妆品痤疮、化妆品毛发损害、化妆品甲损害及化妆品接触性荨麻疹。此处仅介绍化妆品接触性皮炎和化妆品光感性皮炎。

1. 化妆品接触性皮炎

化妆品接触性皮炎（contact dermatitis due to cosmetics）是指接触化妆品或染发剂后，在接触的部位或其临近的部位发生刺激性或变态性反应。它是化妆品皮肤病的主要类型，占化妆品皮肤病的 70%～80%。化妆品接触性皮炎的皮损特点为皮疹局限于使用化妆品的部位，主要表现为红斑，严重者可出现红肿、丘疹、水疱、糜烂、渗出。在初次使用化妆品后立即或数小时后发生。引起化妆品皮炎的变应原主要有香料、防腐剂、表面活性剂及色素等。斑贴试验结果显示患者对致敏化妆品呈阳性反应。

2. 化妆品光感性皮炎

化妆品光感性皮炎（photosensitive dermatitis induced by cosmetics）是指使用化妆品后，又经过光照而引起的皮肤炎症。它是因化妆品中的光感物质引起皮肤黏膜的光毒性反应或光变态反应。光毒性反应一般是日晒后数小时内发生，表现为日光晒伤样反应，红斑、水肿、水疱甚至大疱，易留色素沉着，炎症消退过程中可出现皮屑。光变态反应一般是在日晒后数天、数周甚至数年后发生，临床表现为湿疹样皮损，伴有瘙痒。化妆品中的光感物质有防腐剂中的氯化酚、苯甲酸、桂皮酸，香料中的柠檬油、檀香油，唇膏中的荧光物质，防晒剂中的氨基苯甲酸及其脂类化合物，植物提取物如白芷中的欧前胡内酯等。

第 5 章

美容仪器

学习单元 1　高频电疗仪

【学习目标】

1. 了解高频电疗仪的构造与工作原理。

2. 熟悉高频电疗仪的日常保养。

3. 掌握高频电疗仪的操作步骤与注意事项。

【知识要求】

一、高频电疗仪的构造与工作原理

1. 高频电疗仪的构造

高频电疗仪又称为高周波电疗仪，俗称"电火花"。它由高频震荡电路板和半导体器件、电容电阻构成，并配有玻璃电极和插入玻璃电极的绝缘电极棒（见图5—1）。

2. 高频电疗仪的工作原理

高频电疗仪采用安全的低电压通过振荡电路产生 100 kHz 以上的电流，即高频振荡电流。高频电流具有多种功能，温度高，对肌肉、神经无兴奋作用，无电解作用。高频电疗仪就是利用高频电流产生的电火花，或高频电场的快速改变引起组织内分子快速振荡产生高热，使组织破坏，达到治疗的目的。当治疗电极接近人体组织时，与组织间隙形成极高的电场，使间隙气体分子电离，产生温度高达 2 000～3 000℃ 的电火花，使组织变性、凝固、坏死。此外，高频

图 5—1　高频电疗仪

电疗仪可产生不引起产热的电场强度，人体虽不会感觉热，却能起到增强细胞代谢、提高组织再生功能、改善血液循环、增强免疫功能的作用。

二、高频电疗仪的操作步骤与注意事项

1. 高频电疗仪的操作步骤

高频电疗仪有三种不同操作方法，分别为直接电疗法、间接电疗法和火花电疗法。以下将分别介绍这三种方法的操作步骤。

（1）直接电疗法。适用于油性皮肤，具有减少皮脂、促进新陈代谢的作用。

1）清洁皮肤。

2）选择相应的玻璃电极用75％的酒精消毒后，插在电极棒上。

①蘑菇形玻璃电极：用于面颊、前额、颈部等面积较大区域。

②勺形玻璃电极：用于下颌等中等面积的区域。

③棒形玻璃电极：用于鼻翼、眼周等面积较小区域（见图5—2）。

3）玻璃电极置于顾客额上，打开开关，调节振动频率，电流由弱逐渐变强。

图5—2　鼻翼电疗

4）玻璃电极紧贴顾客皮肤，自上而下呈"螺旋形"或"之字形"按摩，按摩顺序为：额头→鼻梁→鼻翼→右面颊→下颌→左面颊→鼻翼→鼻梁→额头（见图5—3至图5—6）。

5）治疗结束，将电流强度归零，关闭开关，取下玻璃电极，消毒备用。

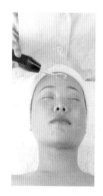

图5—3　额头电疗

图5—4　右面颊电疗

图 5—5　下巴电疗

图 5—6　左面颊电疗

（2）间接电疗法。适合干性、衰老性皮肤，具有促进血液循环、刺激纤维组织、保持和恢复皮肤弹性的作用。

1）清洁皮肤。

2）选择相应的玻璃电极用 75% 的酒精消毒后，插在电极棒上。

3）顾客手上涂抹滑石粉，握住玻璃电极。

4）美容师将精华素或按摩膏涂于皮肤后，一只手紧贴面部皮肤，另一只手按下开关，调整至适宜强度。

5）以安抚式手法按摩皮肤，操作顺序为颈部→下巴→面颊→额头。

6）按摩结束后，美容师一只手紧贴面部皮肤，另一只手将电流强度调至零位，关闭开关，取下玻璃电极，消毒备用。

（3）火花电疗法。适合痤疮皮肤，具有杀菌、消毒效果，能促进暗疮痊愈。

1）清洁皮肤。

2）用湿消毒棉片盖住顾客眼部。

3）选择相应的玻璃电极用 75% 的酒精消毒后，插在电极棒上。

4）美容师手持电极棒，打开开关，调节电流强度。

5）用玻璃电极对炎症部位进行点状接触或轻拍，接触皮肤时间不超过 10 秒。

6）治疗结束后将电流强度归零，关闭开关，取下玻璃电极，消毒备用。

2. 高频电疗仪的操作注意事项

（1）玻璃电极与皮肤接触时，电极与皮肤间会产生一连串火花，并伴有响声和针刺感，属正常现象。

（2）直接电疗法操作时，无须使用化妆品。

（3）间接电疗法操作时，美容师至少有一只手停留在顾客面部皮肤上，以免电流中断影响效果。

（4）对较薄肤质进行火花电疗时，应先用薄纱覆盖皮肤，使电流经过薄纱渗透皮肤，可减少电流对皮肤的刺激。

（5）先开电源，后调强度；先关强度，后关电源。

（6）孕妇、安装心脏起搏器者，酒渣鼻、敏感性皮肤、色斑性皮肤及患有严重皮肤病者禁止使用高频电疗仪。

（7）玻璃电极使用前后要用75％酒精消毒。

三、仪器日常保养

1. 仪器放置于干燥、通风、平稳处，需用干布擦拭，勿用水浸湿。
2. 使用完毕将软线理顺，依次放回原位。
3. 玻璃电极如发生裂纹会影响通电，使用前认真检查，损坏后及时更换。
4. 定期检查可插入玻璃电极的绝缘电极棒，如发现电极棒内铜片生锈或有粘连物应及时处理。

学习单元2　阴阳电离子仪

【学习目标】

1. 了解阴阳电离子仪的构造与工作原理。
2. 熟悉阴阳电离子仪的日常保养。
3. 掌握阴阳电离子仪的操作步骤与注意事项。

【知识要求】

一、阴阳电离子仪的构造与工作原理

1. 阴阳电离子仪的构造

阴阳电离子仪也称为贾法尼电疗仪或营养导入仪，主要由整流器、滤波稳定器、金属电极三部分构成（见图 5—7）。

2. 阴阳电离子仪的工作原理

阴阳电离子仪的工作原理是基于同性相斥、异性相吸的理论。阴阳电离子仪的电路比较简单，输入的 220 V 交流电经整流、滤波和稳压等环节处理后，输出平稳的直流电压。阴阳电离子仪是利用直流电作用的美容仪器。在直流电作用下，离子做定向移动。

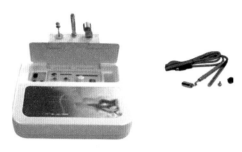

图 5—7　阴阳电离子仪

阳离子由阳极（正极）流向阴极（负极），阴离子由阴极（负极）流向阳极（正极）。在此作用下，离子状态的美容用品形成离子堆渗入皮肤内，可增强皮肤吸收，达到护肤和治疗的目的。

直流电压经导线引出两个金属电极，其中一个为实心电极棒或带金属片的套带，顾客将其握持在手中或套在手腕处；另一个为导入棒（导药钳），附有一个能移动的小滚轮，可以夹持药棉。若旋钮调至"＋"，则阴阳电离子仪处于"导入"的工作状态，此时顾客手握实心电极棒或带金属片的套带为阳极，人体为正电位，而导药钳电极为阴极，具有负电位，离子态的营养物质导入皮肤。若旋钮调至"－"，则阴阳电离子仪处于"导出"的工作状态，此时顾客手握实心电极棒或带金属片的套带为负极，人体为负电位，而导药钳电极为阳极，具有正电位，可将体内沉积的有害物质、金属离子等导出皮肤。

二、阴阳电离子仪的操作步骤与注意事项

1. 阴阳电离子仪的操作步骤

阴阳电离子仪既能向皮肤导入营养物质，又能从皮肤中导出沉积的有害物质。以下分别介绍阴阳电离子仪导入和导出的操作步骤。

（1）导入

1）清洁皮肤。

2）将消毒好的仪器套带套在顾客手腕上，用湿棉片垫住金属片，或请顾客手持电极棒。

3）取适量精华素涂于顾客面部，另取适量精华素倒在湿棉片上。

4）将沾有精华素的湿棉片缠于导入棒上，将其固定在额头中部。

5）调整旋钮"＋"至导入状态，打开开关，调整强度旋钮至适度。

6）导药钳在面部呈"之"字形移动且始终不离开皮肤，顺序为额头→左面颊→鼻部→下巴→右面颊→鼻部→额头（见图5—8至图5—12）。

7）导药钳固定于额头中部不动，将强度旋钮归零，关闭开关，再离开皮肤，取下顾客套带或电极棒。

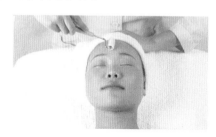

图5—8　额头导入

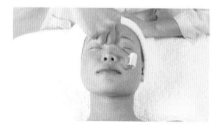

图5—9　左面颊导入

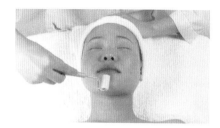

图5—10　下巴导入

图5—11　右面颊导入

（2）导出

1）清洁皮肤。

2）将消毒好的仪器套带套在顾客手腕上，用湿棉片垫住金属片，或请顾客手持电极棒。

3）将浸透生理盐水的棉片缠绕在导药钳上，将其固定在额头中部。

4）调整旋钮"－"至导出状态，打开开关，调整强度旋钮至适度。

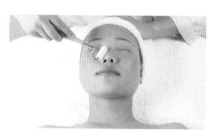

图5—12　鼻翼导入

5）导药钳在面部呈"之"字形移动且始终不离开皮肤，顺序为额头→左面颊→鼻部→下巴→右面颊→鼻部→额头。

6）导药钳固定于额头中部不动，将强度旋钮归零，关闭开关后导药钳离开皮肤，取下顾客套带或电极棒。

2．阴阳电离子仪的操作注意事项

（1）顾客和操作者均不能佩戴任何金属饰物。

（2）导药钳用湿棉片缠紧，不可直接与皮肤接触。

（3）准确选择导入或导出功能，电流强度必须从弱至强，使顾客逐渐适应。

（4）操作过程中导药钳不能离开皮肤，也不能在皮肤上产生空隙，否则会灼伤皮肤。

（5）操作过程中导药钳应在皮肤上缓慢、连续、有节奏移动。

（6）严重过敏性皮肤、微血管破裂肌肤，心脏病患者、体内有金属植入者及孕妇禁止使用阴阳电离子仪。

三、仪器日常保养

1. 通电时电极棒或套带与导药钳要避免相撞。

2. 使用完毕理顺电极与仪器的连接软线，不能反复缠绕。

3. 仪器要用干布擦拭，使用后及时将湿棉片从导药钳上取下。

4. 使用完毕一定要将电极棒或套带消毒并擦拭干净。

5. 仪器应轻拿轻放，最好固定放置在美容车上。

学习单元 3 真空吸喷仪

【学习目标】

1. 了解真空吸喷仪及健胸仪的构造与工作原理。

2. 熟悉真空吸喷仪及健胸仪的日常保养。

3. 掌握真空吸喷仪及健胸仪的操作步骤与注意事项。

【知识要求】

一、真空吸喷仪的构造与工作原理

1. 真空吸喷仪的构造

真空吸喷仪是有真空吸管装置和喷雾仪装置及其附件共同构成的两功能美容仪器。真空吸喙可吸取皮肤污垢和毛孔中的油脂，而喷雾装置主要是借助不同液态护肤品用

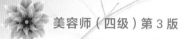
于冷式喷雾护理。

2．真空吸喷仪的工作原理

真空吸喷仪包括真空吸啜和冷喷两种功能。当真空吸喷仪开始工作时，产生一连串脉冲，其周期由电位器调节，脉冲经二级放大后，由集电极接电磁阀输出。当正脉冲时有电极输出，可移动电磁阀，使电流通过。负脉冲时无法输出电极，电磁阀会自行复位，使气流被截，由此产生了真空吸喷功能。

通过真空吸管的吸啜作用，可深层清洁毛孔，促进血液和淋巴循环，刺激纤维组织，增加皮肤弹性，减少皱纹。冷喷可调节面部皮肤的酸碱平衡，刺激扩张毛孔，使皮肤得到收敛，同时还能柔软、滋润皮肤。

二、真空吸喷仪的操作步骤与注意事项

1．真空吸喷仪的操作步骤

（1）真空吸啜

1）用75％酒精消毒真空吸管后，连接导管和真空吸管。

2）将两张湿棉片盖住顾客的双眼及眉毛，打开喷雾机。

3）打开仪器开关，调整强度旋钮，同时在手背测试吸力，选择适合的吸啜强度。

4）一只手固定面部皮肤，另一只手捏住吸管开始吸啜（不同部位吸啜手法，见图5—13至图5—16）。吸啜方式根据不同性质的皮肤有所不同（见表5—1）。

5）吸啜结束，吸管移离皮肤，先关闭强度旋钮，再关闭电源开关。

6）将真空吸管取下，用75％酒精消毒后备用。

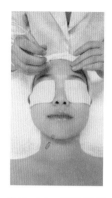

图5—13　额头吸啜

图5—14　下巴吸啜

图 5—15　面颊吸啜

图 5—16　鼻翼吸啜

表 5—1　　　　　　　　　　　　真空吸啜仪的吸啜种类、操作方法和适合皮肤

吸啜种类	操作方法	适合皮肤
间断吸啜	拇指和食指指腹捏住玻璃真空吸管，中指在透气孔上频繁有节率地点按	细嫩、松弛、较薄的皮肤，较大面积的部位
连续吸啜	拇指和食指指腹捏住玻璃真空吸管，中指闭住吸管孔，在皮肤上连续移动一定时间再放松透气	油脂较多、角质层较厚的皮肤
强力吸啜	拇指和食指指腹捏住玻璃真空吸管，闭住透气孔的中指始终不放松，管口对着多脂部位一吸一放	鼻尖、鼻翼有黑头粉刺的部位

（2）冷喷

1）将适量液态护肤品（如爽肤水）倒入塑料喷瓶内。

2）喷瓶套入塑料管，并与仪器相连。

3）打开仪器开关，操作者用中指和拇指捏住瓶身，食指按住喷瓶透气孔，使喷瓶内产生负压，液态护肤品呈雾状喷于面部。

4）喷雾结束，将喷瓶移离皮肤，关闭电源开关。

2．真空吸喷仪的操作注意事项

（1）真空吸啜注意事项

1）导管和玻璃真空吸管应保持通畅。

2）吸管移动要快，不能在一个部位过长时间吸啜。

3）根据不同皮肤选择不同的吸啜方式、强度和频率。吸管的吸啜力应控制适中，过强会损伤皮肤，出现皮下淤血。

4）在面部有炎症处及眼周皮肤较薄部位，禁止使用真空吸啜。

5）对油性、较厚的皮肤应加强吸啜的频率，而对毛细血管扩张的皮肤禁止使用吸啜。

6）不能频繁使用真空吸啜，以免皮肤毛孔扩大。

7）玻璃真空吸啜管应在使用前后用75％的酒精消毒，保持清洁以免发生交叉感染。

（2）冷喷注意事项

1）喷瓶和玻璃真空吸管保持通畅。

2）喷雾瓶内放置液态护肤品，其浓度不可过高。

3）注意控制喷雾量的大小。

4）喷雾由额头向下颌方向喷，尽量避免喷雾进入顾客鼻孔。

三、仪器日常保养

1. 各种配件应轻拿轻放，使用完毕将软线理顺，依次放于原位。

2. 玻璃吸管用后及时清洁消毒。

3. 用干布擦拭仪器，置于干燥通风的环境中。

学习单元 4　微电脑美容仪

【学习目标】

1. 了解微电脑美容仪的构造与工作原理。

2. 熟悉微电脑美容仪的日常保养。

3. 掌握微电脑美容仪的操作步骤与注意事项。

【知识要求】

一、微电脑美容仪的构造与工作原理

1. 微电脑美容仪的构造

微电脑美容仪由具有逻辑程序控制的主机及探针组成（见图5—17）。

2. 微电脑美容仪的工作原理

微电脑美容仪是模仿人体电能而产生电流，激活细胞，促进血液循环，刺激皮下胶原纤维和肌肉组织，恢复肌肤弹性，从而延缓衰老的美容仪器。微电脑美容仪具有以下的功能：

图 5—17　微电脑美容仪

1）模仿人体电能产生外电流，帮助肌肉运动，恢复弹性。

2）加速血液循环，活化细胞，增强细胞的通透性。

3）加速细胞修复，延缓皮肤衰老。

4）使电流刺激深入至肌肉，帮助皮肤修复纤维及胶质层。

二、微电脑美容仪的操作步骤与注意事项

1. 微电脑美容仪的操作步骤

1）操作前准备：在使用微电脑美容仪之前要先进行面部清洁，并对皮肤状态和皮肤所存在的问题做相应的记录。另外，要认真检查仪器，摆放用品、用具、消毒仪器探头。

2）接通电源，打开仪器，并根据皮肤的性质和使用的部位确定使用的波型，调整频率及微电流。微电脑美容仪不同的波型具有不同的作用（见表 5—2）。

表 5—2　　　　　　　　　　　　微电脑美容仪的波型和作用

波型	作用
微柔和波（Gentle） 柔和波（Mild）	无感觉，但渗透力强，可作用于肌肤深层
脉冲波（Pulse） 方波（Sharp）	相对较刺激，可修复浅表层肌肤

3）仪器借助探针与体表接触，操作时应两手各持一边探针手柄，探针内应用纸芯棉签蘸清水操作。微电脑美容仪有六种操作方法（见表 5—3）。

2. 微电脑美容仪的操作注意事项

（1）皮肤有破损或炎症者不宜做微电脑美容仪。

（2）双向按拉、单向按拉、双向挤压和单向挤压这四组操作动作要求力度有渗透感，探针移动宜缓慢，双向拨和单向拨这两组操作要求探针移动快而有节奏，轻而不浮。

美容师

表 5—3　　　　　　　　微电脑美容仪的操作方法、适用部位及操作要点

操作方法	适用部位与方向	操作要点
双向按拉	两边探针在同一起点按压，同时向两边移动。这种方法适用于眉间横向、眉间斜向、下颏纵向、额部纵向、眉部横向、眼角纵向等部位	按拉的力度根据皮肤薄厚而定，皮肤厚则力度大些，皮肤薄则力度小些，按拉时探针移动要慢，使其电力均匀渗透，探针到位后停留 10 秒
单向按拉	两边的探针按压同一部位后，一边探针在原位不动，另一边探针向前移动。这种方法适用下颏横斜向、唇边到鼻梁的弧线形、下眼袋的外眼角向内眼角、上眼皮的外眼角向内眼角和额纵向等部位	与双向按拉的操作要点相似
双向挤压	两边探针从两侧将肌肉夹向中间用力。这种方法适用于面颊斜向、眉肌、颈部横向等部位	力度要均匀，每个夹住肌肉的动作要停留 10 秒
单向挤压	一边探针压住皮肤起定位作用，另一边探针将皮肤推向定位点。这种方法适用于鼻唇间横向、面颊斜向、面颊与眼袋纵向、外眼角与发迹斜向等部位	要求力度均匀，并有适当深度，每个动作停留 10 秒
双向拨	两边探针同时于同一部位开始向两边轻拨皮肤。这种方法适用于下颏横向、眉间横向、鼻唇沟斜向、颈横向等部位	动作要均匀协调，有节奏、有韵律，操作时用腕力摆动
单向拨	一边探针轻按住皮肤起定点作用，另一边探针从定点处向外轻拨。这种方法适用于额纵向、眼角、上眼皮纵向、眼袋纵向、面颊斜向、下颏横向、颈部纵向、颈部横向等部位	动作要均匀协调，有节奏、有韵律

（3）探针内必须使用纸芯棉签，并保证用于皮肤上的棉签水分充足。

（4）为了达到理想效果，微电脑美容仪应连续做，每个疗程 12 次，每次间隔时间应视顾客皮肤状况而定。

三、仪器日常保养

1. 仪器用干布擦拭，置于干燥通风的环境中。

2. 操作时应避免仪器与盛水器皿距离过近。

3. 关机后及时取下探针中的棉签，并将仪器配件理顺归位。

学习单元 5　魔　术　手

【知识要求】

一、魔术手的构造与工作原理

1. 魔术手的构造和功能

魔术手美容仪最重要的构造是由特殊的金属材料合成的仪器手套（见图 5—18）。它通过特殊的适合人体波的微弱电流赋予细胞能量、活化机体细胞。

魔术手具有以下几种功效：

（1）抗菌防臭。它能分解毛孔内的污垢，去除臭酸，防止皮肤感染。

（2）保湿提升。提高皮肤保湿力，改善皮肤的吸收能力，强化肌肉组织，恢复弹性，提升面部皮肤。

（3）除皱美白。收缩毛孔，去除老化角质，深入刺激细胞，补充生物电能，促进细胞活化，加速细胞代谢及黑色素颗粒的消除。促进血液循环，强化血管壁，改善微血管扩张、肤色晦暗的现象。

图 5—18　魔术手

（4）丰胸瘦身。疏通血液及淋巴循环，减少蜂窝组织，分解脂肪，具有美体瘦身功效。同时能够强化肌肉组织，恢复皮肤弹性，对坚挺胸部、提升臀部有明显效果。

2．魔术手的工作原理

魔术手是利用生物微电流与人体细胞活动的生物电所产生的共鸣作用，调动人体自身能量，激发细胞组织活力，恢复人体的生理平衡与组织机能，起到促进脸部和身体淋巴循环、细胞重生、增强弹性、紧肤提拉、减肥瘦身等作用。

二、魔术手的操作步骤与注意事项

1．魔术手的操作步骤

魔术手的操作主要由护理前准备、肌肤清洁、开机、仪器使用、关机、敷面膜和保养七个步骤组成，具体操作程序如下：

（1）护理前准备。准备所需的仪器、工具、用品，分析顾客皮肤特点，确定使用部位，并向顾客说明所需时长和在操作过程中可能出现的正常反应。

（2）肌肤清洁。用洁面乳清洁皮肤，再用去角质霜做深度清洁。

（3）开机。接通电源，打开魔术手美容仪开关。

（4）仪器使用。美容师先戴上绝缘手套，再戴上导电手套，手涂精华液，为顾客轻按面部1～2分钟，然后按操作程序进行面部按摩，由脸部的下方开始，面部护理时间为30分钟。

（5）关机。关闭电源，清洁护理部位。

（6）敷面膜。选择保湿性较强的面膜敷面15分钟。

（7）保养。选择合适的护肤品进行面部保养，整套魔术手美容仪操作结束。

2．魔术手的操作注意事项

（1）魔术手操作前确保操作部位清洁干净。

（2）顾客在使用仪器前摘掉手表及金属类饰品。

（3）美容师在使用手套时务必先戴上绝缘手套。

（4）美容师戴上手套后，双手不能接触仪器操作面板以外的电源、开关、插座或电器。

（5）护理前，顾客避免大量饮酒和饱食。

（6）为了达到最佳效果，操作过程中应尽量保持操作部位肌肤的湿润。

（7）面部护理时间为30分钟，身体局部护理时间为20分钟。

（8）具有以下情况者均不得使用该仪器：部位受伤、心脏病患者、妊娠期妇女、经期女性、过敏体质者、血液病患者、皮肤传染病患者及美容整形使用硅胶者。

三、仪器日常保养

1. 仪器使用后需小心脱下手套。

2. 连接或取下接合器时，切勿拉扯电线。

3. 手套在使用后应及时清洁，可选用温和的软性清洁剂洗涤，清洗后不可用手拧干，应自然风干。

4. 手套不可放入紫外线消毒箱内消毒。

5. 不可自行分解或维修仪器、电线、专用插头等物件。

6. 仪器用干布擦拭，切勿用水浸湿。

7. 仪器放置在阴凉、干净的地方，避免放置于阳光直射或灰尘、油烟较重的场所。

学习单元6　减　肥　仪

【学习目标】

1. 了解减肥仪的构造与工作原理。

2. 熟悉减肥仪的日常保养。

3. 掌握减肥仪的操作步骤与注意事项。

【知识要求】

减肥仪就是帮助减少身体脂肪、具有瘦身作用的一种常用美体设备，一般利用物理、电子等手段达到减肥的目的。本学习单元主要介绍酵素减肥仪、电子消脂减肥仪和振动式减肥仪。

一、减肥仪的构造与工作原理

常用减肥仪的工作原理及功能见表5—4。

表5—4   常用减肥仪器的工作原理及功能

减肥仪器	工作原理	功能
酵素减肥仪 	通过电的热效应引起人体内酵素活动，使减肥部位受热排汗、分解脂肪，从而达到减肥的目的	通过热能分解脂肪，从而达到减肥的目的
电子消脂减肥仪 	利用微电流原理，通过对人体肌肉、经络、穴位的刺激，人体脂肪细胞间频繁摩擦产生强烈撞击，使得脂肪细胞缩小，消耗大量能量，从而达到减肥美体效果	分解脂肪细胞，达到减肥的目的；刺激局部组织，活化细胞，强健肌肉组织，达到健美效果
振动式减肥仪 	利用仪器振动及独特的滚轴设计，将皮肤及皮下肌肉组织向上拉起，再通过位于按摩头前后滚轮的作用，对身体进行波浪式深层按摩，对皮肤及脂肪组织进行吸、捏、滚和拉等机械运动，达到瘦身纤体的效果	作用于人体深层，捏脂、碎脂、分解顽固脂肪、改善橘皮组织、强力紧致肌肤、排水、排毒，促进脂类代谢

二、减肥仪的操作步骤与注意事项

1. 酵素减肥仪的操作步骤与注意事项

（1）酵素减肥仪的操作步骤

1）操作前准备：整理床位、检查仪器、摆放用品用具、卫生消毒等。

2）清洁减肥部位，并用软尺测量，记录备用。

3）先用按摩霜在减肥部位进行20分钟指压按摩。

4）将酵素减肥仪胶片用酒精棉球擦拭干净，平铺放置，接通电源预热5分钟。

5）用薄型毛巾或软布包裹减肥部位，将酵素减肥胶片加束带固定在减肥部位。

6）调整定时开关 40～50 分钟，调整加热开关由低到高，以顾客适应程度为准。

7）加热结束后将温度调节开关归零，并切断电源。

8）清洁受术部位，用软尺再次测量做记录，与减肥前记录相对照。

（2）酵素减肥仪的操作注意事项

1）操作部位应用薄毛巾包裹，避免胶片与皮肤的直接接触。

2）破损皮肤或皮肤病患者、孕妇、心脏病患者、高血压患者禁止做酵素减肥。

2. 电子消脂减肥仪的操作步骤与注意事项

（1）电子消脂减肥仪的操作步骤

1）操作前准备：整理床位、检查仪器、摆放用品用具、卫生消毒等。

2）清洁减肥部位，并用软尺测量，记录备用。

3）在清洁后的减肥部位衬贴湿棉片或直接在导片上涂抹水溶性啫喱。

4）将电子导片正面紧贴在皮肤排放。以腹部为例，一般可放置 4～6 片，视腰围粗细而定。

5）在排放电子导片部位围上松紧绷带，使其松紧适度，使导片紧密地贴在减肥部位的皮肤上。

6）按下开关，调整波形和强度。波形方面开始可先用疏密波，再用间歇波，最后用疏密波。强度方面开始时用低强度，再逐渐加强，使顾客逐步适应。操作时间以 30 分钟为宜。

7）减肥完毕将电流强度回零，关闭开关。除去松紧绷带和电子导片，并清洁皮肤。

8）再次测量减肥部位体围，并与减肥前对照并做记录。

（2）电子消脂减肥仪的操作注意事项

1）心脏病、高血压、体内有金属架者及孕妇禁止采用这种减肥方法。

2）电流的调整要由弱渐强，避免电流突然过强，产生强烈的刺激。

3）电子消脂减肥应连续做，每天 1 次，10 次为一疗程。

4）如皮肤有破损，导片放置后会产生刺痛，可以用透气的创可贴贴在破损皮肤上，再放置导片，即可排除皮肤刺痛。

3. 振动式减肥仪的操作步骤与注意事项

（1）振动式减肥仪的操作步骤

1）操作前准备：整理床位、检查仪器、摆放用品用具、卫生消毒等。

2）清洁减肥部位，并用软尺测量，记录备用。

3）接通电源，根据按摩部位的需要选择合适的按摩头。打开仪器面板总开关，进入系统选择菜单。

4）将按摩油或精油涂于减肥部位。

5）美容师手持按摩头，在减肥部位推动。

6）关闭电源，清洁减肥部位皮肤。

7）再次测量减肥部位体围，与减肥前对照并做记录。

（2）振动式减肥仪的操作注意事项

1）减肥部位在使用按摩头前需涂抹按摩油或精油，以减轻摩擦力。

2）餐后一小时方可使用该仪器进行护理。

3）避免在急性发炎、出血区域，皮肤损害的部位使用。肿瘤、静脉曲张者、女性孕期、经期禁止使用该仪器。

三、减肥仪的日常保养

几种常用减肥仪的日常保养见表5—5。

表5—5　　　　　　　　　　几种常用减肥仪的日常保养

仪器	日常保养
酵素减肥仪	减肥胶片要平放，避免多层重叠，仪器使用后要及时切断电源
电子消脂减肥仪	操作完毕取下导片后，用湿毛巾或纸巾将导片正面剩余的水溶性啫喱擦拭干净 操作完毕将导片软线理顺挂好，松紧绷带保持清洁，放置时呈松弛状态，仪器用干布擦拭，置于干燥环境，切勿放在高热、潮湿、阳光直射的场所
振动式减肥仪	先根据需按摩的部位选择合适的按摩头，置于仪器导管的另一端，然后才能接通电源，打开开关 使用完毕，应关闭电源，拔下按摩头连接线插头，用酒精彻底清洁使用过的所有按摩头，依次放回原位，以便下次使用。仪器应用干布擦拭，置于干燥通风的环境中

相关链接

健胸仪介绍

1. 健胸仪的构造与工作原理

健胸仪由真空泵和电磁阀构成，如图 5—19 所示。

健胸仪是通过真空负压伴随脉冲震动，有效刺激乳房乳腺、皮下组织及胸部肌肉群，修复乳房周围皮肤弹性，集中胸部周围脂肪，刺激乳腺让乳房增大，增加胸部肌肉的强力和张力，从而矫正松弛下垂、低平乳房，使乳房变得坚挺和富有弹性，恢复健美体态。

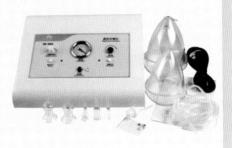

图 5—19　健胸仪

健胸仪适合各种原因引起的乳房扁平、下垂、松弛、外扩。以下情况者均可使用：青春期胸部发育不良的女性；哺乳后乳房萎缩、松弛的女性；因年龄增长出现乳房下垂、松弛、外扩的女性；有丰胸需求的女性。

2. 健胸仪的作用

健胸仪能够有效增加乳房结缔组织，改善发育不良乳房状态；加速乳房周围血液循环，刺激卵巢分泌雌性激素；刺激胸肌纤维细胞活力，锻炼支撑乳房的胸肌和韧带的强度和张力，使乳房坚挺；促进乳房海绵体蓬松，使乳房下垂得到改善。

3. 健胸仪的操作步骤与注意事项

（1）操作步骤（见表 5—6）

表 5—6　　　　　　　　　　健胸仪操作步骤

步骤	操作内容
1	测量胸围做记录
2	清洁胸部
3	健胸杯罩接导管，与仪器相连接，用 75％酒精消毒健胸杯罩
4	健胸杯罩罩在两乳上，确保罩杯边缘无缝隙，打开电源，产生负压

续表

步骤	操作内容
5	调节频率和强度，以顾客接受为度
6	健胸时间控制在 10~15 分钟
7	强度旋钮归零，关闭电源，移开杯罩，清洗胸部，涂抹营养霜
8	再次测量胸围，与使用健胸仪前的记录作比较

（2）注意事项

1）根据顾客乳房的实际大小选择健胸杯罩，杯罩不可过大或过小。

2）吸力强度应由弱逐渐加强，以顾客接受为度。

3）丰胸的时间不能太长，最长不可超过15分钟。

4）皮肤病、皮肤溃疡者、孕妇、哺乳期妇女及做过填充术丰胸者禁止使用健胸仪。

4. 仪器日常保养

（1）仪器轻拿轻放，用干布擦拭，置于干燥通风处。

（2）丰胸杯罩用 75% 的酒精清洁后使用。

第 6 章

护理美容

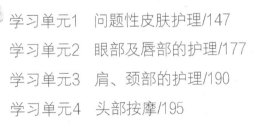

学习单元 1 问题性皮肤护理

【学习目标】

1. 掌握皮肤的组织学知识及皮肤的生理功能。

2. 掌握衰老皮肤的成因与护理方法。

3. 掌握痤疮皮肤的成因与护理方法。

4. 掌握色斑皮肤的成因与护理方法。

5. 掌握敏感皮肤的成因与护理方法。

6. 掌握毛细血管扩张皮肤的成因与护理方法。

7. 熟悉日晒伤皮肤的护理方法。

8. 熟悉男性皮肤的护理方法。

【知识要求】

一、皮肤的相关知识

1. 皮肤组织学知识

皮肤是人体最大的器官，覆盖于全身表面，是人体美的主要载体，尤其是头面与四肢暴露部位的皮肤是人体容貌的主要部分。

成人皮肤面积为 1.5～2 m²，厚度（不包括皮下组织）为 0.5～4 mm，眼睑、耳后最薄，约为 0.5 mm，掌跖部最厚，为 2～5 mm。表皮与真皮的重量约占体重的 5%，若包括皮下脂肪可达体重的 16%。皮肤由水、蛋白质、脂肪酸和无机盐等成分组成，皮肤偏弱酸性。皮肤表面有一层弱酸性的保护膜，叫作皮脂膜，是由皮脂腺分泌的油脂和汗腺分泌的水分经乳化后，在皮肤表面形成的一层微酸性膜性结构，可以保护、滋润、柔软皮肤，并可抵御细菌，但易受碱和高温的破坏。

皮肤由表皮、真皮、皮下组织、皮肤附属器（即毛发、甲、皮脂腺、汗腺）构成，

并有丰富的神经、血管、淋巴管及肌肉。

皮肤的颜色因种族、年龄、性别、部位的不同而有较大差别。正常肤色主要由三种色调构成：黑色，由黑色素颗粒的多少和黑色素颗粒的分布决定；黄色，浓淡取决于角质层的厚薄及组织中胡萝卜素的含量；红色，与血红素含量的多少、血管分布的疏密、深浅和血流量的大小有关。

（1）表皮。表皮来源于外胚层，是人体最外面的一层组织，属于复层鳞状上皮，主要含有角质形成细胞和一些树枝状细胞，如黑色素细胞、郎格汉斯细胞。正常人表皮柔软细腻、润泽光滑，构成人体的外表容貌。

1）角质形成细胞。角质形成细胞是表皮层的组织细胞，是构成皮肤结构的主要成分，由外向内依次为角质层、透明层、颗粒层、棘层、基底层（见表6—1）。

表6—1　　　　　　　　表皮各层角质形成细胞的结构特点和生理作用

表皮分层	结构特点	生理作用
角质层	1. 是表皮的最外层，由角质细胞（复层扁平上皮细胞）和角层脂质组成 2. 角质细胞扁平，无细胞核 3. 多数部位5～15层，掌跖部40～50层 4. 角质细胞无生物活性，含水量约为10% 5. 角质层细胞分布呈"砖墙结构"	1. 抗机械损伤 2. 屏障作用 3. 保湿作用 4. 影响皮肤色泽
透明层	1. 是角质层的前期，仅见于掌跖部位 2. 由2～3层复层扁平细胞组成，无细胞核	屏障作用
颗粒层	由2～4层梭形或菱形细胞组成，细胞核固缩，胞浆内含强嗜碱性透明角质颗粒	1. 屏障作用 2. 折射紫外线
棘层	1. 由4～8层多角形细胞组成，是表皮中最厚的一层 2. 棘细胞间有间隙，可储存淋巴液，便于进行物质交换 3. 棘细胞间含有免疫分子 4. 棘层有感觉神经末梢 5. 棘细胞底层厚，有分裂能力，向上逐渐变扁平，细胞核变小	1. 物质交流 2. 感知作用 3. 修复作用
基底层	1. 位于表皮最深处 2. 新生表皮细胞是单层柱状上皮细胞，呈单层圆柱形，细胞核卵圆且浓染，核仁明显，细胞与基底膜带垂直排列呈栅栏状 3. 基底膜与真皮交界呈波浪状，分为表皮脚和真皮乳突	1. 修复作用 2. 抵抗紫外线

2）黑色素细胞。黑色素细胞来源于神经嵴，是合成与分泌黑色素颗粒的树枝状细胞，位于表皮基底层，占基底细胞的4%～10%，面部、乳晕、腋窝及外生殖器部位

较多。

黑色素的形成是酪氨酸酶将酪氨酸催化成黑色素的反应过程。酪氨酸在酪氨酸酶的催化作用下转化为多巴，多巴氧化为多巴醌，最后多巴醌聚合成黑色素。黑色素细胞通过树枝状突将黑色素颗粒输送到基底细胞中，散形聚集于胞核上部。黑色素颗粒可吸收或阻挡紫外线，保护基底细胞核和郎格汉斯细胞免受紫外线损伤。

黑色素的生成受诸多因素的调控（见表 6—2）。

表 6—2 黑色素生成的影响因素

影响因素	作用
微量元素	微量元素中铜离子、锌离子参与黑色素形成过程，使黑色素生成增加
硫氢基（—SH）	—SH 能与酪氨酸酶中的铜离子结合而产生抑制酶作用，使黑色素含量减少
重金属	某些重金属（铁、银、汞、金等）可与硫氢基结合，使硫氢基含量减少，酪氨酸酶活性增加，皮肤颜色加深
激素	垂体中促黑色素细胞激素能使黑色素形成增多
	雌性激素能使皮肤色素增加
	肾上腺皮质激素和褪黑激素也可影响黑色素

3）朗格汉斯细胞。棘层中有一种郎格汉斯细胞是来源于脊髓的免疫活性细胞，属于单核—巨噬细胞系统，占上皮细胞的 3%～8%。郎格汉斯细胞具有吞噬功能，并识别、处理与传递抗原，参与多种异体移植的排斥反应，是一种对机体具有重要防御功能的免疫活性细胞。

（2）真皮。真皮来源于中胚层，属于不规则致密结缔组织，由纤维、基质和细胞组成，还有血管、淋巴管、神经、肌肉，皮肤附属器等。真皮分为浅部的乳头层和深部的网状层。

1）真皮纤维。真皮纤维主要由胶原纤维、弹性纤维、网状纤维组成。胶原纤维由胶原蛋白构成，是真皮纤维中的主要成分，约占 95%。胶原纤维耐拉力，赋予皮肤张力和韧性，对外界机械性损伤有防护作用；弹性纤维由弹性蛋白和微原纤维构成，有较强的弹性，可使胶原纤维束经牵拉后恢复原状，赋予皮肤弹性，对外界机械性损伤有防护作用；网状纤维是幼稚纤细的胶原纤维，见于表皮下、毛囊、腺体、皮下脂肪细胞和毛细血管周围，创伤愈合中或肉芽肿处可大量增生。

2）基质。基质是一种无定形均质状物质，是氨基聚糖（酸性黏多糖）和蛋白组成的复合物——蛋白多糖。

3）细胞。真皮中含有成纤维细胞、肥大细胞、组织细胞、淋巴细胞及少量的真皮树突状细胞、噬黑素细胞和朗格汉斯细胞。

相关链接

胶 原 蛋 白

胶原蛋白又称胶原，英文名为"collagen"，是细胞外基质的一种结构大分子蛋白质，主要存在于动物的结缔组织（皮肤、骨、软骨、腱、韧等）中，占哺乳动物体内蛋白质的 $25\%\sim30\%$，相当于体重的 6%。在许多海洋生物，如鱼类的皮，占其蛋白质含量甚至高达 80% 以上。对机体和脏器起着支持、保护、结合及形成界隔等作用。

胶原蛋白种类较多，常见类型为 I 型、II 型、III 型、IV 型和 XI 型，皮肤中以 I 型、IV 型为主，可由真皮成纤维细胞合成分泌。随着年龄的增长，成纤维细胞的合成能力下降，胶原蛋白减少，胶原纤维就会发生联固化，使细胞间黏多糖减少，皮肤便会失去柔软、弹性和光泽，发生老化，同时真皮的纤维断裂、脂肪萎缩、汗腺及皮脂腺分泌减少，使皮肤出现色斑、皱纹等一系列老化现象。

胶原蛋白作为活性物质用于化妆品中，具有增强皮肤中胶原蛋白活性，保持角质层水分及纤维结构的完整性，促进皮肤组织的新陈代谢，以及抑制酪酸酶活性，减少黑色素产生等良好的滋润保湿、消皱祛斑等美容作用。早在 20 世纪 70 年代初，美国就率先推出注射用牛胶原，用于祛斑、除皱及修复瘢痕。不过在化妆品中，单纯用作营养性护肤类原料通常要求分子量在 2 KD 以下，以让水解胶原能渗透入皮肤内。

（3）皮下组织。皮下组织又称皮下脂肪层，来源于中胚层，由疏松结缔组织和脂肪小叶构成，浅层与真皮相连接（无明显界限），深部与肌膜等组织相连接。皮下组织的厚度随性别、年龄、营养及所在部位而异，并受内分泌调节。皮下组织具有缓冲机械压力、储备能量、保温、参与体内脂肪代谢等作用。

（4）皮肤附属器。皮肤附属器包括皮脂腺、汗腺、毛发和爪甲（见表6—3），均来源于外胚层。

表6—3　　　　　　　　　　　　皮肤附属器的结构、功能和影响因素

附属器	分布	结构	功能	影响因素
皮脂腺	头面部和躯干部含量最多	位于真皮毛囊与立毛肌的夹角内，开口于毛囊上部，呈梨形	皮脂腺分泌皮脂，作用是润滑皮肤、毛发，防止皮肤水分蒸发，使皮肤呈弱酸性，抑制杀灭细菌	雄性激素分泌增加、外界温度高、饮食油腻、辛辣、甜食以及消化不畅、生活无规律、缺少睡眠、压力过大等易导致皮脂分泌增加
小汗腺	掌跖、腋窝、前额等含量较多	位于真皮深层及皮下组织，由单层细胞排列成管状，盘绕如球形，导管开口于皮嵴	汗液呈弱酸性，含有水分、电解质、有机物等成分，具有调节体温、排泄人体代谢产物、润泽皮肤的作用	小汗腺的分泌受胆碱能交感神经支配
顶泌汗腺（大汗腺）	主要分布于腋窝、乳晕、脐窝、生殖器等处	位于皮下组织及真皮内，导管短而直，开口于毛囊上部	顶泌汗腺分泌液微黄、混浊、有异味、易感染，功能在人体中已退化	顶泌汗腺的分泌受性激素的影响，青春期分泌旺盛
毛发	毛发遍布全身，唇红、掌跖、部分生殖器皮肤无毛发	毛发的纵向结构分为毛干和毛根，横切面由内向外分别为毛髓质、毛皮质和毛小皮	毛发具有保护皮肤的作用，头发、眉毛的美观是人体美的一部分	毛发的外形和生长与民族、遗传、营养及相关疾病有关
爪甲	位于指（趾）末端伸侧	甲板是角化细胞形成的硬角蛋白性板状结构，由甲体和甲根两部分构成	支撑、保护指端皮肤	指（趾）的健康与营养状况、身体健康状况和真菌感染等密切相关

（5）皮肤的血管、淋巴管和神经

1）皮肤的血管。表皮内无血管，真皮和皮下组织中有大量血管网丛。皮肤内的血管与美容关系密切，血管的分布、位置深浅、血流量多少、血红素含量的多少与肤色有关。某些致病因素引起毛细血管扩张，可致局部皮肤出现红斑、红肿。血管壁破裂性病变可使红细胞等外渗，出现皮肤瘀斑、紫癜。此外，长期皮肤内血液循环不畅或毛细血管扩张易导致皮肤敏感。

2）皮肤的淋巴管。表皮棘细胞间储存有淋巴液。毛细淋巴管的盲端起源于真皮乳头内，与毛细血管伴行向下汇集成真皮浅层及深层淋巴网，在皮下组织内形成较大淋巴管，并与所属淋巴结连接。皮肤中的组织液、游走细胞、病理产物及细菌等可进入淋巴管，有害物质在淋巴结内被吞噬消灭。

3）皮肤的神经。皮肤神经包括感觉神经和运动神经两大类。感觉神经末梢主要有麦斯纳小体和梅克尔感受器接受触觉，卢菲尼小体接受温觉，克劳泽小体接受冷觉，环层小体接受压力觉，皮肤浅层和毛囊周围的游离神经末梢接受痛觉。皮肤运动神经主要有面神经支配面部横纹肌，交感神经支配立毛肌、血管、腺体分泌，胆碱能纤维支配小汗腺分泌细胞等。

2. 皮肤功能解析

人体美的基础是健康，健康的皮肤是人体在结构形式、生理功能、心理过程和社会适应等方面都处于健康状态的标志。皮肤的生理功能是皮肤对人体各种作用的体现，主要有以下八个方面：

（1）外表显示功能。皮肤的美学特点主要是通过皮肤的颜色、弹性、光泽、纹理和体味等几个方面来反映的。由于人种的不同，皮肤有很大的差异，如我国人民是黄种人，健美的肤色是微黄红润的。人体皮肤，特别是面部皮肤，是人的心理活动和情绪情感的汇集点。

（2）保护功能。皮肤具有抵御外界各种损伤的作用，主要表现在以下方面：

1）机械性损伤的防护。表皮的角质层质地柔软而致密，可有效地防护机械性损伤；真皮部位的胶原纤维、弹性纤维和网状纤维交织如网，使皮肤具有一定的弹性和伸展性，抗拉能力增强；皮下脂肪具有软垫缓冲作用，能抵抗冲击和挤压，减少皮肤和深部组织的损伤。

2）物理性损伤的防护。皮肤角质层含水量少，电阻大，对电压、电流有一定的阻抗能力。皮肤对光线有反射和吸收作用。

3）化学性损伤的防护。角质层细胞具有完整的脂质膜，胞浆内含有角蛋白，细胞间有丰富的酸性糖胺聚糖，具有抗弱酸、弱碱的作用。

4）对微生物的防御作用。致密的角质层和角质形成细胞之间通过桥粒结构镶嵌状排列，能机械性防护一些致病微生物的侵入。

皮肤可保护机体免受外界环境中各种机械、物理、化学或生物性因素可能造成的有害影响，并防止机体内各种营养物质、电解质和水分的流失，保持了机体内环境的稳定，称为皮肤的屏障作用。

（3）感觉作用。皮肤中有丰富的感觉神经末梢和神经纤维，可以将刺激引起的神经冲动传至大脑而产生感觉。触觉、压觉、痛觉、冷觉和温觉等属于单一感觉，其中痛觉最敏感，温觉最迟钝，而痛的阈下刺激可产生痒觉。此外，皮肤还可以感觉干湿、光滑、粗糙、软硬等复合感觉。

（4）体温调节作用。皮肤在体温调节中起着十分重要的作用。当外界温度发生变化时，皮肤的感觉神经末梢产生的神经冲动和血液温度的变化作用于视丘的体温调节中枢，然后通过交感神经调节皮肤血管的收缩和扩张及汗腺的分泌，达到调节体温的作用，使体温维持在一个稳定的水平。

皮肤调节体温的三种方式：血管的调节、汗液的调节及皮肤表面的热辐射。在外界温度高于或等于皮温时，出汗是机体散热的唯一途径。

（5）吸收作用。皮肤有吸收外界物质的能力，如药物、化妆品等化学物质可通过接触皮肤进入体内。皮肤吸收的途径主要是角质层细胞、细胞间隙、毛孔、汗孔等。

相关链接

影响皮肤吸收的主要因素

1. 皮肤的结构和部位：由于角质层厚薄不一，不同部位的皮肤吸收能力有很大的差异，皮肤的吸收能力依次为阴囊＞前额＞大腿屈面＞上臂屈面＞前臂＞掌跖。

2. 皮肤角质层的水合状态：角质层水合程度高，吸收作用增强，皮肤浸渍时可增加吸收，外用软膏、塑料薄膜封包、闭合性湿敷比单纯涂药吸收系数高出 100 倍。

3. 皮肤的理化性质：完整皮肤可吸收少量水分和微量气体。水溶性物质不易被吸收，如维生素 B 族、维生素 C、葡萄糖等。脂溶性物质易经过毛囊、皮脂腺被吸收，如维生素 A、维生素 D、维生素 E、维生素 K、部分性激素和糖皮质激素等。皮肤对油脂类物质有较好的吸收作用，一般规律为动物油＞植物油＞矿物油。皮肤对某些金属元素，如铅、汞等有一定的吸收能力。增加皮肤渗透性的物质，如二甲基亚砜、丙二醇、乙醚等有机溶剂可增加皮肤的吸收作用。另外，皮肤对某些药物的吸收还受药物剂型的影响，如粉剂、水剂很难被吸收，霜剂可以少量吸收，软膏剂和硬膏剂可促进药物的吸收。

（6）分泌与排泄作用。皮肤的分泌和排泄主要通过小汗腺、顶泌汗腺和皮脂腺完成。小汗腺分泌的汗液呈弱酸性，含有 99.0%～99.5% 的水、氯化钠、钙、镁、锌、钾等无机物，以及尿素、乳酸、肌酐、尿酸、氨基酸等有机物，汗腺的排泄是人体排泄的重要组成部分。皮脂腺分泌和排泄的产物称为皮脂，皮脂是多种脂类的混合物，包括甘油酯、蜡酯、胆固醇、鲨烯、胆固醇酯和游离脂肪酸等。皮脂与汗液在皮肤表面乳化形成皮脂膜，可润滑皮肤与毛发，防止皮肤水分蒸发，并使皮肤呈弱酸性，抑制细菌生长。

（7）自我呼吸作用。皮肤有自我呼吸的功能，呼吸管道是毛孔和汗孔，吸收氧气，排出二氧化碳，与肺的呼吸功能相类似，呼吸量为肺的1%。

（8）代谢作用。皮肤与整个机体密切相关，同样表现出复杂的代谢过程。皮肤的代谢分为两种：一种是皮肤细胞自身的代谢，包括角质形成细胞的分裂和分化、色素颗粒的形成、毛发和指（趾）甲的生长、汗液和皮脂的分泌；另一种是皮肤参与全身的代谢过程，包括水、电解质、糖、脂、蛋白质代谢等。

二、衰老皮肤的成因与护理

随着年龄的增加，面部皮肤会出现干燥、皱纹、松弛等现象，这是皮肤老化的表现，也是人体衰老的正常体现，是不可避免的。人们虽然不能杜绝皮肤老化的发生和发展，但可以通过保养而延缓衰老。

1. 衰老皮肤的特征

皮肤老化是一个渐进的过程，当出现某些皮肤问题时，说明皮肤即将进入老化的阶段，主要表现为皮肤干燥、缺乏水分，肤色暗沉、疲倦、没有光泽，皮肤松弛、下垂或紧绷、无润泽感，肤质粗糙、出油、油光泛浮。如果经常熬夜，则眼睛会浮肿，不常喝水，少吃水果或者每天皮肤日晒超过半小时等习惯更是加速衰老的进程。皮肤老化主要表现为皱纹、色斑、松弛、下垂、过敏等，其中皱纹是老化最主要的标志。衰老皮肤的生理变化及表现见表6—4。

表6—4　　　　　　　　衰老皮肤的生理变化及表现

皮肤分层	组织、功能变化	表现的结果
角质层	自然保湿因子（NMF）减少 角质细胞分化速度减慢，老化细胞增多	皮脂膜的保湿及保护能力下降，皮肤脆弱、干燥 角质堆积、增厚，皮肤干燥、变硬、失去光泽
基底层	基底细胞功能紊乱，新陈代谢功能衰退 黑色素细胞功能不稳定，局部增生或脱失	表皮变薄，通透性增加，使外来物质易入侵，进而诱发过敏 色素分布不均匀，出现色斑
真皮层	胶原蛋白减少，弹性纤维变性 保湿的成分基质黏多糖类合成下降	皮肤变薄、松弛、弹性下降、支撑性变差，出现皱纹 皮肤干燥，间接导致皱纹加深

续表

皮肤分层	组织、功能变化	表现的结果
皮下组织	皮下脂肪减少	皮肤松弛
附属器官	毛囊退化、数目减少 皮脂腺功能减退，汗腺退化 指甲生长缓慢 微血管扩张、暴露，抵抗力低下，易破裂出血	毛发稀少、脱落 皮肤干燥，水分易从皮表流失 指甲脆弱、易折 易出现红血丝肌肤、老年性血管瘤、紫斑

2. 皮肤衰老的主要成因

皮肤老化是人体衰老的外在表现，与身体的内在机能关系密切，同时皮肤又会受到多种外界因素的影响。因此，皮肤老化的原因可分为内在因素和外界因素。

（1）内在因素。内在因素也是生理因素，现代科学对人体衰老还有很多疑问，而且有多种理论和学说，目前被广泛认可的是自由基学说。除自由基影响外，皮肤的老化还与内分泌因素，尤其是雌激素的作用有关。

现代"自由基"学说认为，人体老化过程其实是一个"氧化过程"，即由于各种因素，如光、热、空气中有害成分及紫外线的影响，使得原本处于稳定状态的人体健康细胞分子失去电子，形成活性氧及游离基氧（即自由基）。它具有高反应性，在机体中一旦形成，立即与其临近的细胞分子起连锁反应，细胞膜首当其冲。

自由基对皮肤的破坏作用主要表现在以下几个方面：

1）自由基扩散破坏细胞，使细胞核受损，DNA 发生裂解和突变。

2）使表皮细胞的磷脂膜退化，破坏表皮中的微量元素和自然金属，加速皮肤衰老。

3）破坏蛋白质的结构，使胶原纤维和弹性纤维交联变性、变脆，失去弹性，对机械的抵抗力下降，皮肤松弛而产生皱纹。

4）直接降解透明质酸，降低其活性。

5）与脂肪酸作用，经过一系列生化反应生成过氧化脂质，引起老年斑。

（2）外界因素

1）重力。重力来自于地心引力，是不可抗拒的因素，易使皮肤松弛、下垂。

2）阳光。阳光是导致和加速皮肤老化的重要因素，阳光中的紫外线可使皮肤发红、肿胀、色素沉着、粗糙、干燥、产生皱纹，引起皮肤的老化，甚至导致皮肤癌。

3）环境。污染的环境、干燥的空气及多变的气候都易使皮肤出现干燥、敏感等问题，加速皮肤老化。

4）保养。坚持皮肤保养可有效延缓皮肤衰老，皮肤保养要从 25 岁时开始，不同的年龄、不同的肤质应选择不同的保养方法，保持皮肤光滑、细腻、水嫩而富有弹性。

5）饮食。良好的饮食习惯对于维持身体的健康、保持皮肤的健美具有非常重要的作用，尤其是当皮肤出现问题的时候，更应注意营养的摄入。过食油腻的食物或营养不良都会加速皮肤的衰老。

此外，养成良好的生活习惯，饮食规律而有节制，保持精神愉快，及时缓解压力可以延缓皮肤的衰老。身体疾病的发生也会加速皮肤的老化，因此，积极治疗疾病非常重要。

相关链接

光 老 化

皮肤老化包括自然老化和光老化。光老化是日光尤其是紫外线导致的一种皮肤慢性损伤，常发生于面部、手背、前臂、上胸等暴露部位。光老化的皮肤主要表现为干燥、发黄、皱纹、色素沉着、日光性角化、毛细血管扩张及皮肤弹性降低等，严重者还可出现各种良性或恶性肿瘤。

改善皮肤光老化的方法有很多，首先要进行防晒，选择合适的防晒类化妆品和遮阳伞、帽子、太阳眼镜等物理方法；其次可使用药物治疗、外科治疗、激光治疗、注射性治疗、剥脱性治疗、非剥脱性嫩肤治疗等多种方法。

3. 皱纹的分类

由于皮肤水分流失增加，纤维组织和皮下组织变性、减少，以及皮肤经常受到肌肉牵拉等因素影响导致皱纹产生，皱纹分为假性皱纹和真性皱纹。假性皱纹是面部出现的、可自行消退的皱纹，多由于皮肤暂时缺水及缺乏油脂而引起，一般可通过面部皮肤护理缓解或消除；真性皱纹是一种具体的、稳定性的皱纹，其胶原纤维和弹性纤维功能下降，出现松弛断裂及弹性下降而形成，需要用手术、注射填充或射频激光等方法祛除（见图 6—1）。

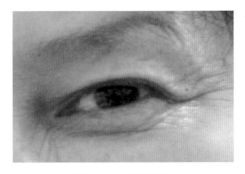

图 6—1　真性皱纹

4. 衰老皮肤的护理

衰老皮肤的护理步骤主要为以下八个程序，具体内容见表6—5。

表 6—5　　　　　　　　　　　　　衰老性皮肤的护理程序

操作步骤	操作要点	主要作用	注意事项
清洁面部	选择适合干性皮肤使用的清洁霜或卸妆乳，卸除彩妆，再用洗面奶彻底清洁	除去皮肤彩妆、汗渍等	不可选用清洁力强的碱性洁面用品
蒸面	蒸汽喷雾5～8分钟	使表面角质细胞软化，促进面部血液循环	不可使用奥桑蒸汽
脱屑	使用脱角质霜或乳去除老化角质，每月1～2次	去除角质层衰老死亡的角质细胞	敏感皮肤可不做脱屑护理，不使用磨砂膏
按摩	选择适合干性皮肤、含有营养成分的按摩膏或精油，注重眼部和面部提升按摩	促进面部血液循环，加快细胞的新陈代谢	按摩动作舒缓柔和
导入精华素	选择具有紧肤、抗皱、营养等作用的精华素，使用超声波美容仪或阴阳电离子仪等仪器将其导入皮肤	增加皮肤的营养，加强细胞活性，使皮肤恢复弹性和光泽，减少皱纹	选择适合衰老皮肤的产品，动作柔和
敷面膜	选择营养性面膜（如胶原面膜，含有人参、黄精、甘草等成分的面膜等）	使皮肤保持滋润、柔滑	
涂润肤水	将具有保湿和营养作用的润肤水喷于面部	恢复皮肤的 pH 值，补充皮肤水分和营养	
涂营养面霜	将营养面霜均匀涂抹于面部	滋润皮肤，保护皮肤	

（1）清洁面部。

（2）蒸面。

（3）脱屑。

（4）按摩。

（5）导入精华素。

（6）敷面膜。

（7）涂润肤水。

（8）涂营养面霜。

5. 衰老皮肤的防治

根据皮肤衰老的特点和原因，抗衰老要坚持三个原则：抗干燥、抗紫外线、抗氧化。生活中更要注重以下几个方面：

（1）保湿。皮肤干燥既是老化的原因，又是老化的表现。保湿的方法主要有以下几种：清洁不要过度，以免流失过多的水分；清洁后立刻补充水分，或使用微酸性的护肤品，帮助皮脂膜恢复；定期做深层补水的面膜护理。

（2）防晒。防晒的主要方法是使用合适的防晒霜，做好全年防护。

（3）饮食调养。富含维生素 E、维生素 C 和多酚类等抗氧化成分的食物可以阻止体内过度的自由基反应；富含膳食纤维的食物能促进肠道蠕动、减少胆固醇吸收、预防慢性病。总之，多吃蔬菜和水果是健康有效的方法。

此外，生活规律，睡眠充分，并且适当运动，保持愉快心情均可延缓衰老。

相关链接

防 晒 霜

防晒霜是指添加了能阻隔或吸收紫外线的防晒剂以达到防止肌肤被晒黑、晒伤的化妆品。

1. 防晒霜的种类和成分

（1）物理性防晒霜。物理性防晒霜中含有氧化锌、二氧化钛等成分，具有阻隔紫外线的作用。其原理犹如打伞或戴帽子，可以将照射到人体的紫外线反射出去。物理性防晒霜性质温和，适合大多数肌肤使用。

（2）化学性防晒霜。化学性防晒霜中具有吸收紫外线的防晒剂，含有UVB 吸收剂对氨基苯甲酸、肉桂酸酯类、水杨酸酯类或（和）UVA 吸收剂苯酮类、Mexoryl SX、Tinosorb 等成分。化学性防晒霜效果明显，人们可根据防晒需求选择不同指数的防晒霜。

2. 防晒系数

（1）SPF。SPF 是反映防晒剂对 UVB 的防护能力的防晒系数，是指涂抹与未涂抹防晒剂皮肤出现最小红斑（MED）所需时间的比值，一般有 SPF15、SPF30 等标注。

（2）PA。检测时使用 PFA，PFA 是反映防晒剂对 UVA 的防护能力及防晒系数，是指涂抹与未涂抹防晒剂皮肤出现持久性晒黑现象（MPPD）所需时间的比值。化妆品中使用 PA 反映 PFA 的强度系数。

三、痤疮皮肤的成因与护理

1. 痤疮的形成原因

痤疮的发生受多种因素的影响，其发病机制尚未完全明晰，目前认为主要与以下因素有关：

（1）内分泌因素。皮脂分泌主要受内分泌的调节，雄激素、孕激素、肾上腺皮质激素、垂体激素和雌激素等可参与其调节过程，其中雄激素起主要作用。青春期雄激素分泌增加，睾酮在皮肤中经过 5a-还原酶作用转化为活性更高的 5a-双氢睾酮，引起皮脂分泌增多，淤积于毛囊内。

（2）毛囊口角化过度。雄激素能影响毛囊角化，毛囊漏斗部及皮脂腺管口过度角化，上皮细胞不能正常脱落，使毛囊口变小及管腔狭窄、闭塞，皮脂淤积于毛囊口而形成脂栓。

（3）微生物的作用。皮肤及毛囊内的常住菌有痤疮丙酸杆菌、表皮葡萄球菌、马拉色菌，毛囊皮脂腺深部还有蠕形螨寄生。这些微生物在痤疮的形成过程中，可因皮脂腺管口角化或毛囊漏斗部被粉刺堵塞而形成一个相对缺氧的环境，痤疮丙酸杆菌的数目增多、异常聚集并向毛囊管道中移生，使导管破裂、毛囊壁毁坏而引起免疫和非免疫反应，产生丘疹、脓疱、结节、囊肿及瘢痕。此外，皮脂的主要成分是甘油三酯、蜡酯、鲨烯、胆固醇、胆固醇酯等，甘油三酯在痤疮丙酸杆菌和表皮葡萄球菌的作用下可分解为游离脂肪酸，可致粉刺形成。

（4）免疫、炎症反应。部分患者的体液免疫中血清 IgG 水平增高，如痤疮丙酸杆菌在体内产生循环抗体可参与局部早期的炎症反应。同时，多种微生物能通过经典及替代途径激活补体，导致毛囊皮脂腺单位的炎症，还可通过其介导的细胞免疫而增强痤疮的炎症反应。

（5）饮食营养因素。饮食中缺乏维生素 A、维生素 B、维生素 C 和锌等微量元素，或多食高糖、高脂、辛辣食物易使痤疮皮损加重。此外，消化不良或便秘也可加重痤疮。

（6）其他。遗传因素、环境因素，或情绪紧张、睡眠不足，以及不恰当使用化妆品及糖皮质激素类药物等都可改变脂类的成分或增加皮脂的产生，激发或加重痤疮。

2. 痤疮的分类

痤疮多发于 15～30 岁的青年男女，近年来发病年龄范围逐渐扩大，10～15 岁少年及 35 岁以上中年的发病人数呈上升趋势。皮损主要发生在面部，以额部、鼻部、双颊及颏部为多，还可见于背部、胸部和肩部，也有极少数侵犯四肢和臀部的泛发性痤疮。痤疮初期主要为白头粉刺和黑头粉刺，部分白头粉刺可发展成为炎性丘疹，伴有脓疱、疼痛，发作日久，可形成大小不等的结节或囊肿。严重者形成大的脓疡或窦道，愈后可使色素沉着，留下瘢痕和凹洞（见表6—6）。

表 6—6 痤疮皮损的特点

皮损	特点
白头粉刺	毛囊口被角质层覆盖，皮脂不能排出，好发于面部，有时会出现在前胸、后背，为细小的皮下脂栓，表现为米粒大小的半球形白色小包，质硬，无自觉症状，需针清为宜
黑头粉刺	堵塞毛孔的皮脂的表层直接暴露在外与空气中的尘埃接触，好发于青春期、发育期青少年，且发于面部、前胸和后脊。扩大的毛孔中的黑点挤出后形如小虫，顶端发黑
丘疹	一般为红色丘疹，略高出皮肤，无明显自觉症状，可发展为脓疱（见图6—2）
脓疱	当白头或黑头粉刺未及时处理干净时，由于细菌大量繁殖，表面皮肤不干净，造成感染而出现脓性分泌物（见图6—3）
囊肿	脓疱未及时处理干净，残留的部位易形成反复感染，炎症严重时造成皮脂性囊肿（见图6—4）
结节	此型炎症已深入到毛囊根部，脓肿造成毛囊壁破损，毛囊的内容物及痤疮杆菌脓性分泌物流入真皮层，造成真皮层感染，出现凹陷状萎缩性疤痕

根据皮损可将痤疮分为以下两种：

（1）寻常性痤疮。皮损以粉刺、炎性丘疹、脓疱为主。炎性丘疹最为多见，常对称分布，数目少而稀疏或多而密集，治愈后可遗留色素沉着或瘢痕。

（2）重度痤疮。多在男性中发生，女性中较为罕见。重度痤疮分为聚合型痤疮和爆发型痤疮两种类型。在寻常性痤疮的基础上出现脓肿、囊肿、结节、溃疡等，愈合后可形成瘢痕及凹洞（见图6—5）。

图 6—2 丘疹

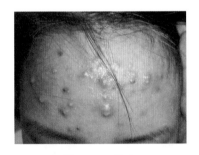

图 6—3 脓疱

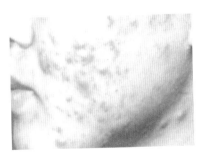

图 6—4　囊肿

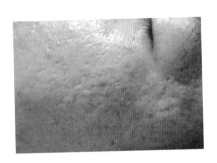

图 6—5　凹洞

此外，临床上还根据病情的轻重，采用 pillsbury 分类法将痤疮分为Ⅰ～Ⅳ度（见表 6—7）。

表 6—7　　　　　　　　　　　　　　痤疮严重程度的分类

程度	临床表现
Ⅰ度（轻）	粉刺、散发炎性丘疹
Ⅱ度（中）	Ⅰ度加浅在性脓疱，炎性丘疹数目增多，限于面部
Ⅲ度（重）	Ⅱ度加深在性炎性皮疹，发生在面、颈及胸背部
Ⅳ度（重—聚合性）	Ⅲ度加脓肿、结节，发生在上半身，易形成瘢痕

3. 痤疮皮肤的治疗

（1）全身治疗

1）抗菌消炎。系统应用抗生素对痤疮有肯定疗效，可供选择的药物见表 6—8。

表 6—8　　　　　　　　　　　　　　抗菌消炎药物的选择

名称	作用	方法
四环素族	能明显降低游离脂肪酸的浓度，抑制痤疮丙酸杆菌和中性粒细胞趋化	四环素，0.25 g，每日 3～4 次，服一月后减量至维持量 0.25 g/d，孕妇禁用
克林霉素	炎症严重者或对四环素耐药者可选用	每次 0.3 g，每日 1 次，平均疗程 3 个月
甲硝唑	抑制痤疮丙酸杆菌等厌氧菌	每次 0.2 g，每日 3 次

选择抗生素治疗应注意以下问题：①炎症明显的痤疮，如红色丘疹、脓疱、脓肿、结节、囊肿等，适合选用抗生素治疗；②尽量减少抗生素的使用；③使用抗生素的同时，最好外用维 A 酸类药；④一旦皮损得到控制，应及时停用抗生素；⑤使用抗生素应在医生指导下进行。

2）抗雄性激素药。可以选择复方炔诺酮、己烯雌酚、环丙氯地孕酮、螺内酯、黄体酮等药物，主要是抑制皮脂腺活性，但服用方法应遵医嘱。

3）纠正毛囊口异常角化。可抑制皮脂腺功能，控制角化过程和炎症反应，抑制痤疮丙酸杆菌，显著减少皮脂分泌和黑头粉刺的形成，适用于泛发性痤疮及常规治疗无效的中度痤疮和聚合性痤疮。主要药物有异维 A 酸、维胺酯等。

4）糖皮质激素。仅适用于严重的结节、囊肿性痤疮和聚合性痤疮。短期应用泼尼松 20～30 mg/d，每日晨 8 点服用，待炎症明显消退后减量至每日 5 mg，不可长期服用。

（2）局部治疗

1）外用药物治疗（见表 6—9）。

表 6—9　　　　　　　痤疮治疗常用局部外用药物

作用	药物
去脂	含硫黄、硫化硒的清洁剂
溶解及剥脱角质	0.025%～0.1%维 A 酸制剂
消炎、杀菌	1%林可霉素溶液、1%氯洁霉素酊、1%红霉素酊、1%磷酸克林霉素溶液等可选用，目前常用药物还有莫匹罗星软膏、复方酮康唑等

2）激光治疗。强脉冲光通过光热反应，诱导痤疮丙酸杆菌发生不可逆的功能丧失和死亡，同时可使皮脂腺萎缩，刺激胶原增生和重新排列，适用于寻常型痤疮的治疗，以减少瘢痕的产生。超脉冲 CO_2、铒激光、氦—氖激光等对痤疮色素、痤疮瘢痕也有良好的疗效。

3）皮肤磨削术。磨削术是通过机械磨削，使堵塞的皮脂腺开口、丘疹或囊肿开放引流，瘢痕变浅、变平。磨削术对浅表性瘢痕效果较好，对肥厚性瘢痕也有效。硬结性痤疮、瘢痕疙瘩性痤疮、瘢痕体质及患有心、肝、肺、脑、肾等重要脏器疾病者不适合进行磨削术治疗。

4）美容仪器治疗。临床常用超声波导入 0.025%维 A 酸、复方酮康唑、氯霉素、莫匹罗星、甲硝唑等药物治疗痤疮，疗效较为理想。高频电疗仪消炎杀菌，促进创口愈合，是治疗痤疮的辅助疗法。

5）注射填充。胶原蛋白或玻尿酸注射填充对痤疮留下的凹洞有较好的效果。

4．暗疮针的使用

常规消毒后，用专用粉刺挤压器，快速用力将开放性黑头粉刺挤出。闭锁性白头粉刺用注射针头或专用痤疮针具挑开后再挤出，但忌大力猛挤。适合进行挑刺的痤疮类型主要有粉刺（包括白头和黑头粉刺）、炎性丘疹（有脓头或脓头消退后），如痤疮处于脓疱发作期且未成脓期不能操作，待其溃脓后再进行挑刺。

使用暗疮针挑刺时，要对工具进行严格消毒，可采用酒精浸泡法、蒸煮法等。此外，对顾客皮损部位进行操作后，伤口约3小时可以愈合，术后24小时内施术部位应使用消炎药品，不宜使用营养、美白面膜等化妆品。

5. 美容院对痤疮皮肤的护理程序（见表6—10）。

（1）清洁面部。

（2）蒸面。

（3）脱屑。

（4）吸啜。

（5）针清。

（6）使用美容电疗仪护理。

（7）按摩。

（8）敷面膜。

（9）涂爽肤水。

（10）涂润肤乳。

表6—10　　　　　　　　　　　　　痤疮皮肤的护理程序

操作步骤	操作要点	主要作用	注意事项
清洁面部	使用偏碱性、清洁力较强的洗面乳	去除表皮的污垢和油脂	均为清洁步骤，是痤疮皮肤护理的重点
蒸面	蒸面时可配合使用奥桑喷雾5～8分钟	打开皮肤毛孔，消炎杀菌	
脱屑	避开痤疮部位脱屑，严重痤疮皮肤不宜进行脱屑护理	去除老化角质	
吸啜	使用真空吸啜仪，吸啜面部油脂和污垢，畅通毛孔	改善毛囊堵塞状态	
针清	用痤疮针清除已成熟、溃脓的痤疮皮损中的脓头，伤口处需涂上消炎膏或用高频电疗仪进行火花治疗	清除脓型分泌物	每次不宜过多，针清应彻底清除脓头和淤血
按摩	选择具有祛脂、消炎作用的按摩膏，按摩一般以指压法为主	疏通皮脂腺	严重痤疮者禁止按摩
敷面膜	敷暗疮消炎软膜或冷倒膜	消炎、镇静作用	
涂爽肤水	涂具有消炎、控油、保湿作用的爽肤水	收敛毛孔，平衡油脂	注重消炎控油
涂润肤乳	在痤疮或针清部位皮肤涂暗疮治疗霜，其他部位涂保湿乳液	控油保湿	

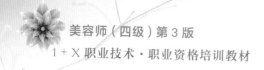

6. 痤疮皮肤的预防

针对痤疮皮肤，除了可以进行医院或美容院的专业治疗与护理之外，正确有效的日常保养是非常重要的。

（1）彻底清洁皮肤。易发生痤疮的皮肤通常伴有旺盛的油脂分泌，油脂没有清理干净而堆积在毛孔中，就容易引起痤疮。清洁皮肤时应选择温和不刺激的卸妆及清洁产品。油性皮肤可选用偏碱性香皂，干性皮肤用碱性低的香皂。洗脸时，宜用温水（37~40℃），且洗脸次数不能太多，每天2~3次即可。

（2）控油保湿护理。清洁皮肤后应使用专业的消炎、控油化妆品或药品。同时，不要忘记保湿补水，以维持皮肤的水油平衡。

（3）注重卫生，不能随便挤按。痤疮皮肤要注意卫生，勤洗脸、洗头，避免用不洁的物品或手触碰脸部。不能随便挤按痤疮，以免留下瘢痕或凹洞。

（4）控制饮食。痤疮的发生与饮食有着密切的关系，注意饮食调理是防治痤疮的一个基本方法。首先要多食富含维生素 A、维生素 B 族、维生素 C 和锌的食物。维生素 A 主要存在于动物的肝脏中；维生素 B 族在动物肝脏、猪肉、鸡肉、鳜鱼、虾、黄瓜、白萝卜、胡萝卜、花生、黄豆、绿茶、豆腐中含量较多；维生素 C 在柑橘、柠檬、草莓、柿子、葡萄柚、猕猴桃、菠菜、花菜、辣椒、萝卜、海苔、酸奶中含量较多；锌多存在于牡蛎、虾皮、紫菜、花生、豆类制品中。

其次要忌食高脂肪、高糖分及辛辣、补益、腥发的食物。高脂肪食物主要包括猪油、奶油、肥肉、猪脑、猪肝、猪肾等；高糖分食物主要包括白糖、冰糖、红糖、葡萄糖、巧克力、冰淇淋等；辛辣食物主要包括胡椒、辣椒、生姜等；补益之物主要包括蜂王浆、人参、阿胶等；腥发之物主要包括海鳗、海虾、海蟹、带鱼、狗肉、羊肉、鹿肉等。

（5）生活规律，保持充足的睡眠，改善不良生活习惯，忌烟酒，保持乐观情绪，减少精神负担。

四、色斑皮肤的成因与护理

色斑是一种面部的色素障碍性皮肤病，不同程度地影响人的容貌美，是美容的重要课题之一。影响皮肤颜色的色素主要有皮肤内的黑色素、胡萝卜素，血液中的氧化及还原血红蛋白和皮肤表面的过氧化脂质。黑色素是决定皮肤颜色的主要色素，女性面部的黄褐斑、颧部褐青色痣、雀斑等均由黑色素生成和代谢的异常而导致。

1. 黑色素形成的原理

黑色素是在位于表皮基底层的黑色素细胞中合成的。酪氨酸酶将酪氨酸催化成多巴，再氧化成多巴醌，聚合生成黑色素，由黑色素细胞的树枝状突起通过表皮黑色素单位不断向上推移，最终脱落于皮肤表面，排出体外，而表皮下的黑色素则被重新吸收或被细胞吞噬后进入血液。当黑色素生成过多或在排泄的时候速度减慢，都易导致色素沉着。

2. 影响黑色素形成的因素

影响黑色素形成的因素主要有酪氨酸酶、硫氢基、内分泌因素及维生素、氨基酸、细胞因子、酸碱平衡失调等。

（1）酪氨酸酶。酪氨酸酶可以催化酪氨酸转化成黑色素的全过程，酪氨酸酶含量越多、活性越强，黑色素的形成就越多。酪氨酸酶的催化作用需要氧和铜离子的共同参与，因此，皮肤中铜离子含量越多，酪氨酸酶活性越强，黑色素生成量就越多。

（2）硫氢基。表皮中存在的硫氢基（—SH）能与铜离子结合，使酪氨酸酶可利用的铜离子减少，酪氨酸酶活性降低，黑色素生成减少，因此，—SH 含量降低可促进黑色素的生成。使硫氢基减少的因素主要有皮肤炎症、磨削术、痤疮、"换肤"、氧自由基增多、维生素 A 缺乏等。此外，重金属（铁、银、砷、汞等）能结合—SH，使游离—SH 减少。

（3）内分泌、神经因素。内分泌、神经因素较为复杂，有许多环节尚不清楚，但促黑色素细胞激素（MSH）、肾上腺皮质激素、雌激素、甲状腺素等可以增加酪氨酸酶活性，使黑色素生成增加。

（4）维生素与氨基酸。使黑色素生成增加的维生素主要有部分维生素 B 族、泛酸、叶酸，氨基酸主要有酪氨酸、色氨酸、赖氨酸等；使黑色素生成减少的维生素主要有维生素 C、维生素 E 等，氨基酸主要有谷胱甘肽、半胱氨酸等。

（5）细胞因子。角质形成细胞所表达的 bFGF（碱性成纤维细胞生长因子）、干细胞因子、内皮素因子均能直接作用于黑色素细胞，促进其增殖并合成黑色素；IL-6、TNF 能抑制黑色素细胞产生色素。

3. 色斑产生的原因

（1）内分泌因素。黄褐斑等色斑的产生受女性内分泌因素的影响，与促黑素细胞激素、雌激素、孕激素等分泌增加有关。现代研究显示，女性妊娠期促黑素细胞激素（MSH）分泌增多可导致黑素细胞功能活跃，引发黄褐斑；约有 20% 口服避孕药的女性在用药的 1～20 个月后出现黄褐斑，主要是由于雌激素能刺激黑素细胞分泌黑色素颗粒、孕激素可促进黑色素体的转运和扩散。此外，某些妇科疾病，如不孕症、痛经、

美容师

月经失调、子宫附件炎等，也是诱发色斑生成的因素。

（2）紫外线照射。紫外线照射能促进酪氨酸酶的活性，增加黑素颗粒的生成，使色斑生成或加深色斑颜色。

（3）酸碱平衡失调。酸碱平衡失调的体质偏酸，血黏度增高，血液循环减慢，使色素排泄的途径受阻，导致色素沉着。

（4）精神情志因素。副交感神经兴奋也可能通过激活垂体 MSH 分泌，使色素增多，交感神经兴奋则可使色素减少。

（5）皮肤炎症。现代研究显示，炎症和外伤后皮肤屏障功能受损，患处常有黑色素细胞密度增加的现象，炎症反应时皮肤组织中的硫氢基（—SH）减少，对酪氨酸酶的抑制作用减弱，使皮肤颜色加深，易形成色斑。

（6）化妆品使用不当。化妆品也可诱发色斑的产生，主要与其中的某些成分如氧化亚油酸、重金属、枸橼酸、防腐剂等有关。

4. 色斑的分类

根据成因和特点，色斑可分为定性斑和活性斑两大类，见表 6—11。

表 6—11　　　　　　　　　　　色斑的分类与表现特征

分类	表现特征
定性斑	定性斑的性质稳定，不因外界因素影响而变化，一旦祛除，原部位不会再起。常见的定性斑有色素痣、老年斑、胎记等
活性斑	活性斑是由酪氨酸酶活动造成的斑，性质不稳定，受外界日光及内分泌等因素影响，颜色深浅发生变化。常见的活性斑有黄褐斑、雀斑、继发性色素沉着斑等

5. 常见的色斑皮肤

（1）雀斑。雀斑是极为常见的发生在日光暴露区域上的褐色点状色素沉着斑。常见于面部，特别是鼻部和脸颊，表面光滑，点状互不融合，无自觉症状。雀斑可在 3 岁时出现，多在 5 岁时发病，青春期前后皮疹加重，以女性居多（见图 6—6）。

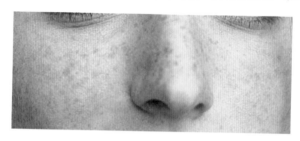

图 6—6　雀斑

（2）黄褐斑。黄褐斑俗称肝斑或蝴蝶斑，是一种常见于中青年女性面部的淡褐色或黄褐色色素沉着斑片，形状不规则，表面无鳞屑，边缘较清晰，以颧部、两颊和前额较为明显，常为对称分布。黄褐斑一般为生理性或症状性表现，病人健康状况良好。垂体 MSH、雌激素和孕激素分泌增加导致的黄褐斑属于生理性反应，肝硬化、结核、肿瘤等疾病表现的面部色斑属于疾病的症状性反应。此外，日光、营养、遗传及一些药物、化妆品等也可导致黄褐斑形成（见图6—7）。

（3）颧部褐青色痣。颧部褐青色痣是一种波及真皮的色素增加性疾病，主要表现为颧部对称分布的黑灰色斑点状色素沉着。女性患者较多，发病与遗传、日晒、化妆品因素和内分泌因素有关（见图6—8）。

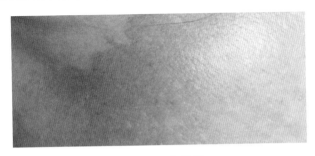

图6—7　黄褐斑

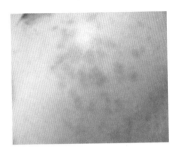

图6—8　颧部褐青色痣

（4）老年斑。老年斑又称脂溢性角化、老年疣，是皮肤老化的一种表现，多出现于面、颈、手、四肢等部位，多为点状或不规则的棕色斑块，稍高于皮肤。该病的发生可能与年龄、日晒、慢性炎症刺激等因素有关。

6. 色斑皮肤的护理程序（见表6—12）

表6—12　　　　　　　　　　　色斑皮肤的护理程序

操作步骤	操作要点	主要作用	注意事项
清洁面部	彻底卸妆和清洁	清洁面部彩妆和污垢	选择美白或祛斑洗面奶
蒸面	蒸汽喷面8～10分钟	扩张毛孔、软化角质	不能使用奥桑蒸面
脱屑	必要时脱屑	去除老化的角质细胞	1～2次/月，干燥脱屑或敏感皮肤不宜进行脱屑
导入精华素	超声波或阴阳电离子仪导入祛斑精华素	加强精华素的渗透性	时间不宜过长，以3～5分钟为宜
按摩	选择具有美白、祛斑功效的按摩膏	促进血液循环	时间15～20分钟，注重色斑部位的按摩
敷面膜	敷祛斑软膜或热倒膜	祛斑美白	选择祛斑或美白面膜

续表

操作步骤	操作要点	主要作用	注意事项
涂爽肤水	选择祛斑或美白水	补充水分、淡化色斑	有重点地拍于色斑部位
涂面霜	涂抹具有祛斑、美白、保湿作用的面霜	淡化色斑	加强防晒，可涂抹有防晒作用的面霜

（1）清洁面部。

（2）蒸面。

（3）脱屑。

（4）导入精华素。

（5）按摩。

（6）敷面膜。

（7）涂爽肤水。

（8）涂面霜。

7. 色斑皮肤的防治

（1）防晒。防晒是保持皮肤美白健康的主要方式，也是防治色斑的必备措施。防晒应全年进行，每年5—10月上午10：00—下午3：00紫外线强度最高，应加强防护，选择具有 SPF 和 PA 标识的防晒霜。涂抹防晒霜还应注意防晒指数不能叠加，在出门前20～30分钟涂抹，如果皮肤敏感，可改用其他方法。除使用防晒霜外，最好同时采用遮阳伞、帽子、太阳眼镜等物理防晒方法。

（2）晒后护理。过度日晒或防晒不足易造成日晒伤，表现为局部皮肤痛痒、红肿、起疱，严重者伴有头晕、恶心等全身症状。出现此问题首先用冰敷或冷喷等方法镇静皮肤，再用外用药物或芦荟汁等进行消炎，最后可用脱脂牛奶、维生素 E 胶囊等外敷消炎。此时还应增加饮水量，或遵医嘱服用药物。

（3）选择美白祛斑化妆品。主要可选择三类化妆品：1）美白类，如含有果酸、熊果苷、维生素 C、芦荟、珍珠粉等成分的化妆品；2）保湿类，如含有玻尿酸、透明质酸、杏仁、玉竹等成分的化妆品；3）防晒类，含有适当 SPF 和 PA 系数的防晒霜。

（4）饮食调养。多食富含维生素 A、维生素 C、维生素 E 的食物，少吃红薯、马铃薯等富含酪氨酸的食物和芹菜、香菜等感光蔬菜，少喝浓茶、可乐、咖啡、巧克力等深色饮品，少吃油炸食物和含有鸡精、防腐剂、人造色素等添加剂的食物。

要保持美白的肤色，还应适当按摩，加速血液循环，保持心情舒畅，及时缓解压力。

五、敏感性皮肤的成因与护理

1. 敏感与过敏的概念

敏感性皮肤是指感受力强、抵抗力弱，受到外界刺激后会产生明显反应的脆弱皮肤，易受外界刺激，产生潮红、丘疹、瘙痒等症状。过敏主要是指当皮肤受到各种刺激，如具不良反应的化妆品、化学制剂、花粉、某些食品、污染的空气等，出现红肿、发痒、脱皮及过敏性皮炎等症状的反应过程。

敏感是指皮肤对特定反应的敏锐程度，过敏是指皮肤或人体对特定物质的异常反应，二者是有区别的（见表6—13）。敏感和过敏之间又是密切相关的，敏感皮肤如果呵护不够，经常出现红、热、痒等症状，如果使用含激素类的外用药，则会转变为易过敏皮肤；易过敏肌肤有可能是偶尔过敏后引起，但大多数过敏皮肤前期多有敏感皮肤的症状。

表 6—13　　　　　　　　　　　敏感性皮肤和过敏皮肤的区别

特性	敏感性皮肤	过敏皮肤
定义	对特定反应的敏锐程度	对特定物质的异常反应
来源	刺激物	过敏源
第一次接触的情形	最先的反应与最后的反应相同，但反应的敏锐程度可能不同	最先的反应与最后的反应不同
特征及临床表现	敏感的肌肤皮肤较薄、脆弱、毛细血管显露，容易发红，且呈不均匀潮红，时有瘙痒感及小红疹出现	过敏时皮肤充血、发红、发痒、出现红疹甚至过敏性面疱，严重者会出现脱皮、水肿
致死性	无	有

2. 敏感性皮肤的成因

敏感性皮肤的成因有先天性和后天性之分。前者主要与遗传及体质有关，后者主要与保养不当、滥用化妆品和药物、日光曝晒、风吹雨打、换肤等因素有关。此外，皮肤的敏感性也与生活状态和精神压力有关。敏感皮肤受到多种因素的影响，比一般人的皮肤干燥、缺水、粗糙，皮脂分泌较少，保湿能力弱，角质层较薄且多是未完全角化的角质细胞，使皮肤防御机能衰退，容易受到外界影响而产生过敏。

3. 常见的致敏物质（见表6—14）

表6—14   常见致敏物质

类别	常见致敏物
动物性蛋白	动物皮屑、尿液、尘螨、鱼、贝类、卵蛋白、蚕蛾、蚕蛹等
植物性蛋白	小麦淀粉酶、木瓜蛋白酶、花粉等
有机化合物	某些药物，如阿司匹林、止痛剂、镇静剂、利尿药等 某些化妆品中的酒精、色素、香料、防腐剂、防晒剂及染发剂等
无机化合物	金、银、铜等金属装饰品，油漆、橡胶、汽油等

4. 敏感皮肤的护理程序（见表6—15）

（1）清洁面部。

（2）喷雾。

（3）涂精华素。

（4）按摩。

（5）敷面膜。

（6）涂柔肤水。

（7）涂润肤乳。

表6—15   敏感性皮肤的护理程序

操作步骤	操作要点	主要作用	注意事项
清洁面部	选择防敏洗面奶，动作轻柔	清洁皮肤	避免使用各种碱性洁面皂或洗面霜
喷雾	冷喷雾5～8分钟	补充水分、镇静皮肤	皮肤过敏发作期可延长冷喷时间至20分钟
涂精华素	涂抹具有防敏、保湿作用的精华素	防敏、保湿	不宜使用阴阳电离子仪或超声波等仪器导入
按摩	防敏按摩膏穴位指压	舒缓皮肤	尽量减少摩擦，如重度按摩、拍打等
敷面膜	倒防敏软膜	治疗敏感	避免使用各种净化面膜等
涂柔肤水	涂抗敏柔肤水	补充水分、保湿	动作轻柔，减少拍打动作
涂润肤乳	涂防敏护肤乳	皮肤保湿，防止过敏	涂抹后应严格防晒

5. 敏感性皮肤的防治

敏感性皮肤很脆弱，日常保养时要谨慎，应注意以下问题：

（1）禁忌。不使用各种碱性肥皂、洗面霜及含有酒精的化妆品，不使用热蒸汽、红外线、热敷等方法，避免摩擦，如重度按摩、拍打等，不进行脱角质护理，不使用各种净化面膜，不使用阴阳电离子导入仪等有高频率电流通过皮肤的仪器护理。避免阳光直射，随时做好防晒、隔离工作。

（2）注意事项。选择化妆品宜单一，避免频繁更换，尽量选用无香精、无色素、低防腐剂的化妆品，注重皮肤保湿，使用化妆品前注意消毒，少化妆或不化妆。

六、毛细血管扩张皮肤的成因与护理

毛细血管扩张是指肉眼能够看得见的浅表的皮肤血管，成人和儿童都可能出现毛细血管扩张皮肤。

1. 毛细血管扩张皮肤的表现

面部双颊、鼻部、下巴等部位皮肤出现扩张的血管，主要为扩张的小静脉、毛细血管和小动脉，直径 0.1～1.0 mm。来源于小动脉的毛细血管扩张直径较小，呈鲜红色，一般不突出于皮肤表面；来源于小静脉的毛细血管扩张较为粗大，呈蓝紫色，常突出于皮表。还有部分毛细血管扩张初期较细小，色红，但逐渐变粗大，呈现紫色或蓝色，主要是由于静脉回流增多形成的（见图6—9）。

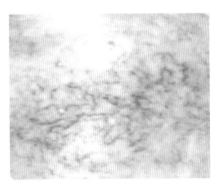

图 6—9　毛细血管扩张皮肤

2. 毛细血管扩张皮肤的成因

毛细血管扩张皮肤多由于慢性光损伤、乙醇、缺氧、雌激素和皮质类固醇激素及多种化学物质、细菌和病毒感染等因素造成，也有部分人的毛细血管扩张症属于家族遗传性疾病。

毛细血管扩张皮肤的护理程序（见表6—16）如下：

（1）清洁面部。

（2）喷雾。

（3）敷面膜。

（4）涂柔肤水。

（5）涂润肤乳。

表 6—16　　　　　　　　　　毛细血管扩张皮肤的护理程序

操作步骤	操作要点	主要作用	注意事项
清洁面部	选择防敏、无刺激的洗面乳清洁皮肤	清洁皮肤	手法轻柔，以免刺激皮肤
喷雾	使用冷喷 8～10 分钟	软化角质、补充水分	不能使用热汽蒸面
敷面膜	在面膜护理中可添加修复产品	补充油分、水分	避免使用各种净化面膜、倒膜等
涂柔肤水	选择温和、无刺激且具有保湿作用的柔肤水	皮肤镇静、保湿	动作轻柔，减少拍打动作
涂润肤乳	选择温和、无刺激且具有修复作用的润肤霜	帮助皮肤重建保护膜	避免日晒

七、日晒伤皮肤的护理

日晒伤又称晒斑或日光性皮炎，是由于强烈日光照射后，暴晒处皮肤发生的急性光毒性反应，以红肿、刺痛、水疱、脱皮等局部急性炎症为主。

1. 日晒伤皮肤发生的原因

（1）紫外线照射。日晒伤的发生主要与日光中的紫外线有关，尤其是中波紫外线 UVB。如果紫外线过强，且皮肤暴露时间过长，可使皮肤细胞中的蛋白质和核酸吸收大量的紫外线产生一系列复杂的光生物化学反应，造成表皮细胞坏死，释放多种活性介质，引起真皮血管扩张、组织水肿、黑色素合成加快等反应。

（2）自身皮肤性质。日晒伤的发生与自身皮肤性质有一定的关系。一般认为皮肤较白、细嫩且薄的人易发生日晒伤；相反，皮肤颜色较深、粗糙且厚的人所受伤害比较小。

2. 日晒伤皮肤的表现

春夏季多发，尤其是妇女及肤色较浅的人易发生。一般在日晒后数小时至十余小时内，暴露部位出现边界清楚的鲜红斑块，红斑渐淡、消退后，出现脱屑，并留有色素沉着，皮损还可出现水肿、水疱，破裂后结痂，局部疼痛。皮损面积广泛，可有全身不适，严重者可出现寒战、发热等症状。根据晒斑的严重程度，将其分为轻度晒斑、中度晒斑和重度晒斑三类（见表6—17）。

表 6—17   不同程度晒斑临床表现

晒斑程度	临床表现
轻度晒斑（一度晒伤）	在日光照射数个小时到十余小时后，暴露部位的皮肤上发生弥漫性红斑，红斑呈鲜红色并伴有灼热感
中度晒斑	日光皮炎较重时，有弥漫性红斑，可伴有水肿，皮肤有明显灼痛或绷紧样肿胀
重度晒斑	日光过度照射后出现面部红斑，眼睑水肿，伴恶心、心跳过速等全身症状

3. 日晒伤皮肤的护理程序（见表 6—18）

（1）镇静皮肤。

（2）清洁面部。

（3）喷雾。

（4）敷面膜。

（5）涂修复霜。

表 6—18   日晒伤皮肤的护理程序

操作步骤	操作要点	主要作用	注意事项
镇静皮肤	在皮肤出现发红、发烫等症状时使用此方法，可用冷敷的方式镇静	减少皮肤晒后的不适反应	症状严重者应建议去医院就诊
清洁面部	选择温和、无刺激的洗面乳	清洁皮肤	皮肤出现水疱、破溃等症状，可用生理盐水等进行清洗
喷雾	使用冷喷或冷敷	软化角质、补充水分	根据皮肤状况，可将时间延长至30分钟
敷面膜	在面膜护理中可添加修复产品	补充油分、水分	避免使用各种净化面膜等
涂修复霜	选择具有消炎作用的修复霜	帮助皮肤重建保护膜	严格防晒

4. 日晒伤皮肤护理的注意事项

（1）经常外出锻炼，进行短时间日光浴，可提高对日光的耐受性。

（2）避免曝晒，在暴露部位正确涂抹防晒剂。

（3）多吃富含高蛋白及维生素 B 的食物，可以提高对日光的抵抗力。维生素 C 可以修护晒伤后的肌肤，亦可防止黑斑的产生。

（4）晒后修复。晒后修复的原则是清洁、镇静、消炎、安抚、保养。

1）清洁及镇静皮肤。选择性质温和的产品，晒后的皮肤不能承受碱性过强的去油脂洁面产品，并且尽量用冷水洗脸。如果皮肤出现红肿、水疱或破溃时，先冷敷，等炎症控制后再清洁。

2）消炎及安抚。可以先用冰水湿敷，直到红斑消退，皮肤刺痛感慢慢消失。一般冷敷可用医用炉甘石洗剂、糖皮质激素霜剂或3%硼酸水，生活中也可用冰牛奶、芦荟汁等湿敷。

3）保养。湿敷后短时间内不要使用过分刺激的保养品，最好能使用适合自己皮肤类型的晒后修护乳液或保湿乳液。

八、男性皮肤的护理

现代社会中，男性越来越关注自己的仪容仪表，不仅要求自己衣着得体，对维护皮肤的健康也非常重视。化妆品市场已经有专门的男性护肤品，美容院中也开设了男性护理项目。

1. 男性皮肤的特点

男性与女性在身体上有较大的差别，如性器官差异，且男性通常比女性高大、强壮，肌肉多于女性，而脂肪组织少于女性。但男性与女性的皮肤在组织结构上是相同的，都是由表皮、真皮、皮下组织构成，皮肤细胞及皮肤感受器的数量也基本一致。两性皮肤仅在性质上存在一定的差异。

（1）男性皮肤油脂分泌较多。男性从青春期开始，雄性激素分泌旺盛，可使皮脂腺肥大增生，分泌时间加长，因此油脂分泌多。同时，雄性激素还可以使角质形成细胞过度角化，毛囊口堵塞，面部皮肤易发痤疮。男性随着年龄的增长，皮脂腺分泌不会明显减少，很多男性上了年纪之后皮肤依然油腻。

（2）男性皮肤易敏感、发红、发痒。与女性皮肤相比较，男性皮肤缺乏水分，较为干燥、粗糙，且皮肤表面pH值偏酸性。如果男性剃须方法不当，或有烟酒嗜好，皮肤容易红肿、刮伤，继而出现发红、瘙痒及敏感的状况。

2. 男性皮肤的护理程序（见表6—19）

（1）清洁面部。

（2）剃须。

（3）蒸面。

（4）脱屑。

（5）清粉刺。

（6）按摩。

（7）敷面膜。

（8）涂爽肤水。

（9）涂润肤乳。

表 6—19　　　　　　　　　　　　　　　男性皮肤的护理程序

操作步骤	操作要点	主要作用	注意事项
清洁面部	选用深层洁面乳进行 3～5 分钟清洁	洗净面部污垢和油脂	清洁纱布会粘住胡须，尽量选用海绵或方巾
剃须	先将剃须乳或剃须膏涂于胡须上，用剃须刀从两侧脸颊至唇部、下颌将胡须剃除，再用温水洗净皮肤	剃除胡须，方便皮肤护理	剃须刀等用品要进行消毒，剃须时不可操之过急，以免刮伤皮肤
蒸面	蒸面 5～8 分钟	打开毛孔，保湿控油	如有痤疮，可使用奥桑喷雾
脱屑	使用脱角质霜或乳去除老化角质，每月 1～2 次	去除角质层堆积的角质细胞	如皮肤敏感可不做脱屑护理
清粉刺	用痤疮针清除已成熟、溃脓的痤疮皮损中的脓头或粉刺	清除粉刺、脓疱	每次不宜过多
按摩	选择具有保湿作用的按摩膏	促进血液循环	如胡须浓密，可顺着胡须的生长方向按摩
敷面膜	敷具有控油、保湿作用的面膜	保湿润肤，收敛毛孔，平衡油脂	不可忽视滋润皮肤的步骤，选择不油腻且适合男性皮肤的乳液
涂爽肤水	涂具有控油、保湿作用的爽肤水		
涂润肤乳	涂抹保湿的润肤乳		

3. 男性皮肤护理的注意事项

（1）男性剃须要注意卫生和剃须后护理。剃须刀片应保持干净，在美容院中使用时一定要注意消毒，可采用酒精浸泡的方法。剃须后皮肤上会留下许多肉眼看不见的伤痕，容易引起细菌感染，选择含有薄荷和消炎药物的剃须膏，可有效防止细菌感染。

（2）正确选择男性护肤品。男性皮肤一般偏油性，同时又缺水，不适合比较滋润的女性护肤品。清洁是男性美容的重要环节，能温和去除皮肤表面油脂、污垢及老化角质的洗面奶是首选。爽肤水和含油量相对较低的乳液也是适合男性的护肤品。

相关链接

常见皮损分类解析

常见皮损分为自觉症状和他觉症状两大类。

1. 自觉症状

自觉症状是指患者主观感觉的症状，主要包括瘙痒、疼痛、烧灼、麻木等，有些患者还可能出现畏寒、发热、头痛、乏力、食欲减退等全身症状。自觉症状的轻重程度主要与皮肤病的种类、性质、严重程度和患者个体感觉差异有关。

2. 他觉症状

他觉症状就是皮肤损害，又称为皮损或皮疹，是指可以被他人看到或触摸检查出的皮肤上的损害，分为原发性损害和继发性损害两大类（见表6—20）。

表6—20 　　　　　　　　　　　　他觉症状的皮损特点

类别	皮损	特点
原发性损害	斑疹	局限性皮肤颜色改变，与皮肤表面平齐，直径大于1 cm者称为斑疹。斑疹分为红斑、出血斑、色素沉着斑、色素减退斑及色素脱失斑等
	丘疹	局限性、隆起性、实质性的皮肤损害，高出皮肤表面，直径小于1 cm，见于痤疮、银屑病、湿疹等疾病
	斑块	显著高出皮肤的直径大于1 cm的扁平、隆起性损害，中央可有凹陷，见于睑黄瘤等疾病
	水疱	内含液体的局限性、腔隙性突起的皮肤损害，高出皮肤表面，一般小于1 cm，大于1 cm者称为大疱，见于天疱疮等疾病
	脓疱	内含脓液的局限性、腔隙性突起的皮肤损害，高出皮肤表面，针头至黄豆大小，见于痤疮、脓疱疮等疾病
	结节	局限性、实质性、深在性皮肤损害，皮肤表面可触及，大小不一，粟粒至樱桃大，深度可达真皮或皮下组织，见于痤疮、皮肤肿瘤等疾病
	囊肿	内含液体或黏稠物质的局限性、囊性皮肤损害，触之有弹性感，深度达真皮或皮下组织，见于囊肿性痤疮、皮脂腺囊肿等疾病
	风团	高出皮肤表面的暂时性、局限性、隆起性皮肤损害，实质为真皮浅层水肿，颜色呈淡红或苍白色，大小不等，形态不规则，发生快，消退快，常见于荨麻疹

续表

类别	皮损	特点
继发性损害	鳞屑	即将脱落或累积增厚的表皮角质细胞，大小、形态、厚薄不一，见于银屑病、花斑癣、脂溢性皮炎等
	浸渍	皮肤长期浸水或受潮湿所致的表皮松软、变白、起皱，见于指（趾）缝等部位皮损
	抓痕	由于搔抓或摩擦所致的表皮或真皮浅层缺损，见于湿疹、特应性皮炎等瘙痒性皮肤病
	糜烂	表皮或黏膜部分缺损，见于水疱或脓疱破溃，一般不留瘢痕
	溃疡	皮肤或黏膜真皮深层或皮下组织局限性缺损，可由感染、肿瘤、血管炎等引起，愈合后可形成瘢痕
	皲裂	皮肤表面的线条状裂口，伴有疼痛、出血，见于干燥性皮肤病
	痂	由皮肤表面的浆液、脓液、血液及脱落组织混合凝结而成，附于皮肤表面
	苔藓样变	皮肤表面局限性增厚、粗糙，常见于神经性皮炎、慢性湿疹等
	瘢痕	真皮或皮下组织破坏后，新生结缔组织增生修复而成，分为增生性瘢痕和萎缩性瘢痕两种

学习单元 2　眼部及唇部的护理

【学习目标】

1. 掌握眼袋、黑眼圈、鱼尾纹等眼部皮肤问题的形成原因、表现及护理方法。

2. 熟悉唇的结构、功能、常见问题及护理方法。

美容师

【知识要求】

一、眼袋

眼袋是下眼睑脂肪堆积过多引起的皮肤隆起，是皮肤松弛的表现，多发生于年长者。

1. 眼袋的分类

（1）暂时性眼袋。因睡眠不足、用眼过度、肾病、怀孕、月经不调等导致血液、淋巴液等循环功能减退，造成暂时性体液堆积，称为暂时性眼袋。通过眼部按摩等护理手段可以改善暂时性眼袋，但如果长期处于这种状态，且疏于护理，则会形成永久性眼袋。

（2）永久性眼袋。永久性眼袋分为两种类型：由于眼轮匝肌肥厚或单纯脂肪膨出形成的眼袋多发生于年轻人，与遗传因素有关；由于年龄增大，皮肤、肌肉松弛所导致的脂肪、组织液潴留是后天形成的。一旦形成永久性眼袋，只能通过整形美容手术去除。

2. 眼袋的主要形成原因

（1）自然老化。眼睑皮肤会随着年龄增长逐渐松弛，皮下组织萎缩，眼轮匝肌的张力降低，出现脂肪堆积，形成眼袋。

（2）遗传因素。遗传是眼袋形成的一个重要因素，在青少年时期即可出现眼袋，多为单纯的脂肪膨出，一般会随着年龄的增长愈加明显。

（3）不良生活习惯。熬夜，睡眠不足，疲劳，睡前大量喝水，经常揉搓、拉扯眼部皮肤等，会使眼周皮肤、肌肉弹性下降，形成眼袋。

（4）疾病因素。肾脏有病、女性怀孕期间、月经不调等使血液、淋巴液等循环功能减弱，导致眼部水分积聚，形成眼袋。

3. 眼袋的日常护理

（1）保证睡眠充足，忌熬夜，做到早睡早起。

（2）避免睡前大量饮水，并可将枕头适当垫高，以利于疏散储留的水分。

（3）每天洁面后涂抹眼霜，并做眼部按摩。用食指、中指、无名指指腹由眉头沿眶骨轻推至太阳穴，经太阳穴、颧骨、两颊抹向耳根，再用三指指腹由目内眦沿下睑轻推至太阳穴，经太阳穴、颧骨、两颊抹向耳根。这套动作重复 10 次，可促进血液循环，加速淋巴回流，消除淤积的水液。

（4）饮食均衡，营养丰富。多吃胡萝卜、马铃薯、番茄、动物肝脏、牛奶、豆制品等富含维生素 A 和维生素 B$_2$ 的食物。

4. 去除眼袋的护理程序（见表6—21）

表6—21　　　　　　　　　去除眼袋的护理程序

步骤	操作方法	操作要点	注意事项
清洁	取适量的眼部清洁用品，用美容指在眼周打圈清洁眼部皮肤	动作轻柔，用手指腹清洁	切忌让清洁品流入顾客眼中
蒸面	眼部盖棉片	距离20～25 cm	时间5～8分钟
眼部按摩	选择眼霜代替按摩膏按摩	动作轻柔，点穴准确	眼球不做按摩，按摩用品不要流入顾客眼中
仪器护理	选择超声波美容仪或眼袋冲击波护理	仪器调频适中	仪器探头不触碰眼球，操作时动作幅度不宜过大
敷眼膜	选择去眼袋或收紧肌肤的面膜调成糊状并涂于眼周	涂敷均匀，厚薄适中	时间10～15分钟，粉状面膜不要流入顾客眼中
清洁	清水洗净皮肤	动作柔和	彻底清洁皮肤
涂眼霜	取适量去除眼袋或去皱眼霜涂于眼部皮肤	沿眼周打圈，动作轻柔	切忌将眼霜涂入顾客眼中

相关链接

眼部按摩步骤与按摩方法

1. 眼部安抚：双手四指并拢，交替安抚左侧整个眼部，再换右侧。双手同时由左、右眼部分别向两侧拉抹至太阳穴，并指压。要求动作柔和（见图6—10）。

2. 眼部打圈：双手中指、无名指从太阳穴沿下眼眶打小圈至鼻根两侧，四指抬起，中指沿鼻梁滑上，点按攒竹、鱼腰、丝竹空穴。要求力度适中，不要过度牵拉皮肤（见图6—11）。

3. 眼部穴位指压：双手中指、无名指由内而外绕眼眶三遍后，点按瞳子髎、球后、承泣、四白、晴明、印堂、攒竹、鱼腰、丝竹空、太阳穴。要求指压力度适中，以穴位有微酸胀感为宜（见图6—12）。

4. 眼部"8"字打圈：双手中指、无名指重叠，右手在下，沿左、右眼眶打"8"字圈（见图6—13）。

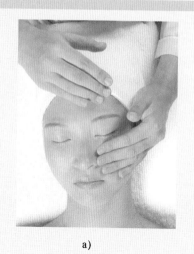

a)

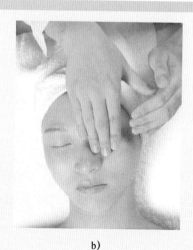

b)

图 6—10　眼部安抚

a）眼部安抚1　b）眼部安抚2

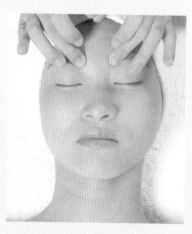

a)

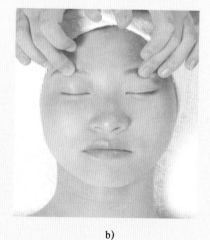

b)

图 6—11　穴位点按1

a）点按攒竹穴　b）点按鱼腰穴

5. 揉抹鱼尾纹：左手食指、中指撑开左侧"鱼尾"纹，右手中指、无名指在左手食指、中指间打圈，再换右侧（见图 6—14）。

6. 眼部交剪手：双手食指、中指沿上、下眼眶做交剪手，中指点按太阳穴（见图 6—15）。

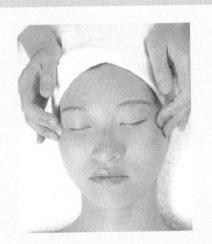

a)   b)

图 6—12　穴位点按 2

a) 点按太阳穴　b) 点按承泣穴

a)   b)

图 6—13　眼部 "8" 字打圈

a) "8" 字打圈 1　b) "8" 字打圈 2

　　7. 分抹眼眶：双手拇指固定在额部，四指并拢，同时由内向外绕眼眶安抚（见图 6—16）。

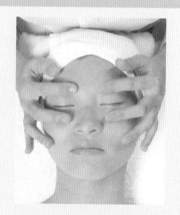

图 6—14　揉抹鱼尾纹　　　　　图 6—15　眼部交剪手

8. 按压眼部：双手竖位，全掌着力，双掌平行从发迹向下轻推至眼部，手掌完全盖住眼部时轻压一下眼球，随即向两侧抹开。要求掌心劳宫部位对准眼球，以免压迫眼球（见图 6—17）。

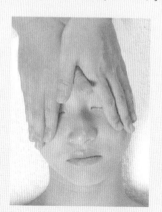

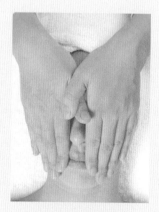

图 6—16　分抹眼眶　　　　　图 6—17　按压眼部

二、黑眼圈

当眼周皮肤血液循环不畅时，静脉血淤滞，还原血红蛋白增多，导致眼睑肤色加深，出现青蓝色或深褐色的阴影，就是通常所说的黑眼圈。

1. 黑眼圈的特征

黑眼圈常被称为"熊猫眼"，多于睡眠欠佳、过度疲劳或身体虚弱时出现或加重，易使人显得疲劳、倦怠，甚至苍老，是面部美容的重要内容。黑眼圈根据颜色可以分为两种类型：第一种是青黑色的黑眼圈，是由于人体及眼部疲劳导致的血液循环减慢、静脉血流增加而形成的；第二种是深褐色的黑眼圈，多由于眶骨阴影的作用及局部皮肤色素沉着而形成。

2. 形成黑眼圈的主要原因

（1）睡眠不足、疲劳过度。长期睡眠不足或用脑、用眼过度，使眼睑长期处于紧张收缩状态，眼部的血流量增加，引起眼周血管充盈，从而导致眼圈淤血，滞留下黯黑的阴影。

（2）月经失调。女性月经失调，如痛经、经量过多、月经不定期或者功能性子宫出血等均容易引起黑眼圈，如伴有贫血，面色苍白，黑眼圈就更加明显。

（3）体虚及体弱。长期的肝病、肾病、心血管病等易引起血液循环不良，从而产生黑眼圈。

（4）不良生活习惯。吸烟太多、盐分摄入过量等均易导致黑眼圈。

（5）遗传因素。部分人眉部眶骨较高，易形成阴影，出现黑眼圈。部分过敏性鼻炎患者，尤其是儿童，下眼睑易出现色素沉着，形成黑眼圈。

3. 黑眼圈的日常护理

（1）保持精神愉快、生活规律、充足的睡眠。

（2）不抽烟，不酗酒，睡前不喝咖啡和浓茶。

（3）保持眼部皮肤的滋润与营养，选择合适的眼霜涂抹，并加强眼部按摩，促进血液循环，减少淤血滞留，预防和减轻黑眼圈。

（4）减少盐分摄入，并注意饮食丰富多样，多吃富含维生素 A 和维生素 B_2 的食物，如蛋类、瘦肉、豆制品、蔬菜、水果等，有利于眼部健康。

（5）如有身体不适或疾病，及时请教医生，找出病因，对症下药。

4. 去除黑眼圈的护理程序（见表6—22）

表6—22　　　　　　　　去除黑眼圈护理的护理程序

步骤	操作方法	操作要点	注意事项
清洁	用美容指取适量的眼部清洁用品，在眼周打圈，清洁眼部皮肤	动作轻柔，用手指腹清洁	切忌使清洁品流入顾客眼中

续表

步骤	操作方法	操作要点	注意事项
蒸面	眼部盖棉片	距离 20～25 cm	时间 5～8 分钟
按摩	选择具有美白或促进血液循环作用的眼霜进行按摩	动作轻柔，点穴准确	不按摩眼球部位，按摩用品忌流入顾客眼中
仪器护理	选择超声波美容仪或电子按摩仪护理	仪器调频适中，眼周护理操作	不触及眼球部位，时间 10～15 分钟
敷眼膜	根据眼部皮肤不同症状选择相应的眼膜	涂敷均匀，厚薄适中	时间 10～15 分钟
清洁	清水洗净皮肤	动作柔和	彻底清洁皮肤
涂眼霜	取适量眼霜涂于眼部皮肤	沿眼周打圈，动作轻柔	切忌将眼霜涂入顾客眼中

三、鱼尾纹

出现在眼角外侧的皱褶线条称为鱼尾纹，由于其形态类似鱼尾翼纹线，故而得名。

1. 鱼尾纹的分类

鱼尾纹呈放射状分布于两眼外角，鱼尾纹根据深浅和状态可以分为假性鱼尾纹和真性鱼尾纹。假性鱼尾纹是面部表情引起的表情纹或浅表干纹和细纹，多由于皮肤暂时缺水及缺乏油脂而引起，一般可以自行消退或通过眼部的护理缓解或消除；真性鱼尾纹则是一种具体的、有稳定性的皱纹，比较深、长，不会因为表情变化或皮肤保养而消失、减退，是由于其胶原纤维和弹性纤维功能下降，出现松弛断裂及弹性下降而形成的稳定的皱纹。

2. 形成鱼尾纹的主要原因

（1）皮肤老化。由于年龄增长，导致皮肤衰老、松弛，真皮内胶原纤维和弹性纤维断裂，眼角及太阳穴部位皮肤出现较深且固定的皱纹。

（2）表情因素。人在微笑或挤眼睛时眼外角处会很自然地出现放射状的纹路，在表情恢复自然后消失，常被称为"笑纹"，属于假性皱纹。但是，过多或过于频繁的表情纹路会逐渐形成真性皱纹。

（3）环境因素。阳光照射、环境污染或温度过高、过低都会使皮肤表面水分过度流失，胶原蛋白及黏多糖减少，眼部弹性纤维组织断裂，从而产生鱼尾纹。

（4）生活习惯。长期吸烟、大量饮用浓茶及咖啡，或疏于眼部皮肤护理，都可导致皮肤干燥、脆弱、缺乏营养，从而产生鱼尾纹。

3. 鱼尾纹的日常护理

（1）尽量减少挤眉弄眼、大笑等夸张的表情，减少肌肉对皮肤的牵拉。

（2）保持眼周皮肤滋润、营养，选择含有透明质酸、海藻酸钠及胶原蛋白等成分的眼霜，每天涂抹。

（3）坚持眼部按摩，用双手中指、无名指指腹由目内眦沿下睑轻推至目外眦，再滑至眉部返回目内眦；双手无名指指腹按压球后穴，中指指腹向上推至丝竹空穴。减少鱼尾纹的按摩有一定的方向，即与眼轮匝肌的方向平行，与皱纹的方向垂直。

（4）养成良好的生活习惯，保证充足的睡眠，保持大便通畅，不吸烟，少喝咖啡和浓茶。

（5）饮食丰富多样，多吃瘦肉、蛋、番茄、胡萝卜、谷物等富含维生素 A 和维生素 B_2 的食物，还可多食软骨、鱼皮、猪蹄、燕窝等富含胶原蛋白的食物，以补充眼部营养。

4. 去除鱼尾纹的护理程序（见表6—23）

表 6—23 去除鱼尾纹的护理程序

步骤	操作方法	操作要点	注意事项
清洁	用美容指取适量的眼部清洁用品，在眼周打圈清洁眼部皮肤	动作轻柔，用手指腹清洁	切忌使清洁品流入顾客眼中
蒸面	眼部盖棉片	距离 20～25 cm	时间 5～8 分钟
按摩	选择含有胶原蛋白、维生素 E 及其他营养成分的眼霜或精华素按摩	动作轻柔，点穴准确	不按摩眼球部位，按摩用品忌流入顾客眼中
仪器护理	选择超声波美容仪或电子按摩仪护理	仪器调频适中	仪器探头不触及眼球，时间 10～15 分钟
敷眼膜	根据眼部皮肤不同症状选择相应的眼膜	涂敷均匀，厚薄适中	没有压迫感，时间 10～15 分钟
清洁	清水洗净皮肤	动作柔和	彻底清洁皮肤
涂眼霜	取适量眼霜涂于眼部皮肤	沿眼周打圈，动作轻柔	切忌将眼霜涂入顾客眼中

四、唇部护理

1. 唇的解剖结构与功能

唇部是指上、下唇与口裂周围的面部组织，上面部分为鼻孔下方，下面部分为颏唇沟，两侧为鼻唇沟。唇部分为以下几个部分：

（1）皮肤。皮肤上有丰富的汗腺、皮脂腺和毛囊，是痤疮、疖肿的好发部位。

（2）肌肉。位于唇部皮肤与黏膜之间。唇部的肌肉主要是口轮匝肌，为环状肌肉，分为内外两层纤维。内层纤维很厚，位于口唇的边缘，收缩时可使口唇缩小；外层纤维很薄，与颌骨附着，与面部肌肉相连，主要机能是将口唇附着在上、下颌骨上。

（3）唇红。上下唇黏膜向外延展形成唇红。唇红部位上皮组织较薄，易受损伤，内含丰富的毛细血管，使血液的颜色透出来而发红。唇红含有皮脂腺，但是没有汗腺与毛发，表面有细密的皱纹，红唇中部的唇红呈结节状突出部位称为唇珠。

（4）黏膜。位于口内，外观光滑、湿润。

（5）唇弓。红唇与白唇交界处构成的一条形似弓形的曲线称为唇弓。上唇弓上两个等高的最高点为唇峰，两个唇峰中央的最低点为唇凹，唇弓的形状是女性唇部美的标志之一。

（6）血管和神经。唇部的血液供应来自颈外动脉与颈内动脉的分支。唇部的感觉由眶下神经支配，唇部肌肉由面神经支配。

2. 常见的唇部问题

由于唇部较为特殊的结构，唇色和唇部皮肤的问题不仅反映了唇部本身的变化，同时体现了身体状况和疾病的变化。

（1）唇色浅淡。贫血、大病绵延、失血过多或体质虚弱等可导致唇色淡且无光泽。

（2）唇色深或青紫。唇色过深，尤其是唇色青紫是由血液循环障碍、心脏疾病等因素导致静脉血增加，血氧含量减少，还原血红蛋白增加，从而造成唇色发紫。

（3）唇部干裂、脱皮。气候寒冷、干燥，紫外线照射过度或唇部疏于保养滋润等都可导致唇部干燥。如果有咬嘴唇、舔嘴唇等不良习惯，更易导致唇部水分蒸发加速，出现干燥、皲裂、起皱、脱皮的现象。

（4）单纯疱疹。单纯疱疹是一种由单纯疱疹病毒所致的病毒性皮肤病，唇部是疱疹常发部位，表现为单发或多发水疱，伴有肿胀、疼痛等症状。

3. 唇部的日常护理

（1）每天摄入充足的水分，多吃富含维生素的水果、蔬菜，保持唇部滋润。如唇部颜色浅淡，可多吃红枣、菠菜、猪肝等补气生血的食物。

（2）改正咬唇、舔唇的不良习惯。

（3）如在干燥的环境中感觉唇部不够滋润，可以涂抹润唇膏，但是不能对之长期依赖，以免唇部自我滋润能力减弱。如果唇部长期干燥，可选择蜂蜜、橄榄油、凡士林或蘸满保湿化妆水的棉片敷于唇部。如果较多暴露于阳光下，可以涂抹含有防晒成分的润唇膏。

（4）尽量少用持久型唇膏，因为这类唇膏的质地较为干涩，会使唇部更加干燥。

（5）夜晚刷完牙后用手指按摩唇部周围，可收紧嘴部轮廓，防止肌肉松弛。

（6）如唇色长期青紫，且出现呼吸困难、气喘、头晕、心悸或心痛等症状，应及时就医检查，对症治疗。

4. 唇部护理程序（见表6—24）

表 6—24　　　　　　　　　　　唇部护理程序

操作步骤	操作方法	注意事项
清洁 	先将蘸湿卸妆用品的棉片轻轻按压在唇上 5 秒，再将棉片从唇角往中间轻轻擦拭	清洁唇部使用专用眼唇卸妆液或乳
去角质 	把去角质液（霜）薄而均匀地涂在上下红唇上，静置片刻后用棉片轻轻擦去	每月可做一次，嘴唇有破损不宜做
按摩 	用大拇指和食指捏住上唇，大拇指不动，食指以画圈的方式按摩上唇；再用大拇指和食指捏住下唇，食指不动，轻轻动大拇指按摩下唇；然后按照相反方向按摩上下唇，如此反复几次；最后用手指轻拍嘴角部位	动作轻柔，选用专业唇部营养霜或维生素 E、橄榄油等可食用按摩油

续表

操作步骤	操作方法	注意事项
敷唇膜	在将唇膜敷于唇上后，用热毛巾敷10分钟	冬季选用蜡膜，可针对干裂受损唇部；夏季选用软膜或免水洗营养膜；平时家居保养可用滋润唇膜。每周可做1～2次
清洁	擦去唇膜，再用温水洗净唇部	如使用膜粉，不要使其落入顾客口中
滋润唇部	将营养油、精华素或润唇膏均匀地涂抹于上下嘴唇	动作轻柔，建议顾客平时也可使用此类产品

相关链接

眼部皮肤结构及眼、唇护肤品简介

1. 眼部皮肤的组织结构与生理特点

（1）眼睑的组织结构。眼睑分为上、下两部分，上睑较下睑宽大，上、下睑间的空隙称为睑裂。睑裂边缘称为睑缘，宽约2 mm。睑缘也称灰线，前缘有睫毛，后缘有睑板腺开口。上睑与下睑交界处分别为目内眦和目外眦。眼睑由外向内的结构共分为以下六层：

1）皮肤。眼睑皮肤是人体最薄的皮肤，表皮的厚度只有0.04 mm，易形成褶皱。

2）皮下组织。皮下组织由疏松的结缔组织构成，弹性较差，易出现水肿、充血等现象。

3）肌层。肌层包括眼轮匝肌、上睑提肌和苗氏肌。

4）肌下组织。肌下组织与皮下组织相同，位于眼轮匝肌与睑板之间，有丰富的血管和神经。

5）睑板。睑板是眼睑的支架，成半月形，由纤维组织构成。

6）睑结膜。睑结膜为覆盖于眼睑后面的黏膜层，具有减轻摩擦、保护眼睛的作用。

（2）眼周皮肤的生理特点

1）眼周皮肤弹性纤维减少，皮肤易松弛。

2）眼周皮肤汗腺、皮脂腺分泌少，易干燥。

3）眼周皮肤血液循环和淋巴循环丰富，表浅，毛细血管壁薄，容易淤血和水肿。

4）眼周的眼轮匝肌呈环状，比较脆弱。

2. 眼部护肤品简介

（1）眼霜。眼霜油分含量较高，滋润性、营养性强，能有效改善细纹、黑眼圈、眼部浮肿等多种问题，适合中性及干性皮肤使用。

（2）眼部精华。眼部精华含有高浓度的保养成分，如维生素 A、维生素 E、类黄酮、透明质酸钠、糖基海藻糖、棕榈酰五肽等，能加快肌肤代谢循环，刺激弹力和胶原蛋白的增生，达到保湿滋润的目的。精华的成分不同，可适用于各种眼部问题。

（3）眼膜。眼膜是眼部急救用品，具有保湿、镇定和舒缓的作用，有无纺布纸质眼膜、眼部软膜等，用于紧急补水，改善浮肿和黑眼圈，由于其营养性高，不建议每天使用。

（4）眼胶。眼胶为植物性啫喱状物质，质地清爽不油腻，含水量高，保湿渗透的能力强，适合中性、油性、混合性皮肤及黑眼圈、眼袋等问题。

3. 唇部护理用品简介

（1）润唇膏。润唇膏由油、脂、蜡等成分构成，是一种保持唇部湿润与光泽、具有防裂及使唇部平滑柔软作用的唇部基础护理品。

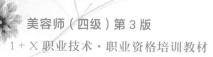
（2）唇膜。唇膜含有去角质酶和保湿因子等功能性成分，具有滋润软化、去除老化角质，补充营养，恢复光泽及淡化唇部色素沉着等作用。由于接近口唇，因此可用食用成分自制唇膜，如蜂蜜、牛奶、珍珠粉、维生素E、橄榄油等。

学习单元3　肩、颈部的护理

【学习目标】

1. 掌握肩、颈部按摩手法。

2. 掌握肩、颈部护理程序。

【知识要求】

一、肩、颈部皮肤护理的作用

肩、颈部皮肤因皮脂腺分布少，油脂分泌量不足，水分易流失，皮肤较为干燥。尤其是颈部皮肤，长期暴露在外，干燥且薄，易老化、松弛，过早出现皱纹，使人显得老态，影响美观。通过专业的护理，能促进肩、颈部皮肤的血液循环，加速新陈代谢，增强皮肤弹性和光泽，延缓皮肤衰老。

二、肩、颈部按摩步骤与手法

1. 展油。双手掌蘸取按摩油后，均匀涂抹于颈部、肩部和上臂部（见图6—18）。

2. 搓颈部淋巴。双手中指、无名指搓淋巴数次，四指并拢搓颈后，并指压风府穴（见图6—19和图6—20）。

3. 拉抹颈肩两侧。双手交替包颈部，到左侧时，右手固定住额部，左手食指、中指拉抹肩颈部淋巴，再换右侧（见图6—21）。

图6—18　展油

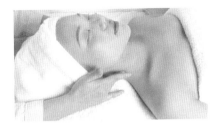

图6—19　搓颈部淋巴　　　　　　　　　图6—20　指压风府穴

4. 拿捏肩部。双手放在颈部两侧，四指在后，拇指在前，虎口压住胛提肌，同时用力提拉肌肉，然后再放松（见图6—22）。

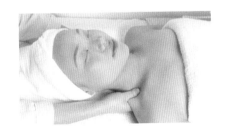

图6—21　拉抹颈肩两侧　　　　　　　　　图6—22　拿捏肩部

5. 安抚前胸。双手掌由两侧斜方肌向下打圈，安抚前胸部位，再指压两排胸骨（见图6—23）。

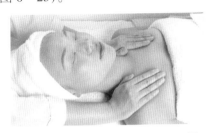

图6—23　安抚前胸

6. 按压肩头。左手固定在左侧肩头，右手由右打圈至左侧，双手重叠按压左侧肩头，随即滑回右侧，再换另一侧（见图6—24）。

图6—24　按压肩头

7. 抖动按摩前胸部。左手固定在左肩头，右手由右侧边抖动边滑向左侧，再滑回右侧再换另一侧（见图6—25）。

8. 点穴。双手微握拳，用拇指指股从两肩头始至颈部，依次点按肩髃穴、肩髎穴、巨骨穴、肩井穴、肩外俞穴和肩中俞穴（见图6—26）。

图6—25　抖动按摩前胸部　　　　　　　　图6—26　点穴

9. 叩击肩、臂部。双手握空拳，腕部放松，用拇指、小指和大小鱼际的外侧用力，叩击双肩，两臂（见图6—27）。

10. 安抚前胸，点颈部穴位。双手掌在前胸部打圈，四指安抚至颈后，按压中府穴、风池穴，再沿肩颈部滑至下颌处包下巴，双手中指、无名指指压翳风穴（见图6—28至图6—30）。

三、肩、颈部皮肤护理程序

肩、颈部的皮肤护理可与面部皮肤护理一起操作，也可根据顾客的需求将肩、颈部的护理作为单项完成。肩、颈部的护理部位包括颈下、上胸部、肩部和大臂，肩、颈部皮肤护理程序见表6—25。

图 6—27　叩击肩、臂部

图 6—28　按压风府穴、风池穴

图 6—29　包下巴

图 6—30　指压翳风穴

表 6—25　　　　　　　　　　　　　　肩、颈部皮肤护理程序

操作步骤	操作方法	操作要点	注意事项
清洁	取适量的洁面乳均匀涂抹于肩、颈部，双手四指打圈清洁，再用一次性毛巾擦拭干净	动作轻柔，清洁到位	选择适合肩、颈部皮肤的洁面乳
蒸汽喷雾	将喷口调整至与肩、颈部呈45°角，对肩、颈部喷雾	距离肩、颈部 20～25 cm，时间10分钟	如上胸部皮肤较油腻，或有痤疮、粉刺发作，可选用奥桑喷雾
脱屑	将脱角质霜涂于肩部，待到八成干后，一手轻轻固定皮肤，另一手的中指、无名指将角质轻轻搓去	涂抹薄且均匀，动作轻柔	颈部皮肤、敏感和干燥的肩部、前胸部皮肤不做
按摩	取适量按摩膏均匀涂抹于肩、颈部及上胸部	动作熟练、连贯，点穴准确	颈部按摩动作注意力度，不能压迫颈部血管
敷膜	取适量软膜粉均匀调成糊状，涂抹于肩、颈部和上胸部	涂敷均匀，厚薄适中	调膜均匀，不宜有压迫感，时间为15～20分钟
涂化妆水	取适量的化妆水均匀涂抹或喷于肩、颈部	动作柔和，涂抹均匀	选用适合肩、颈部肤质的护肤产品
涂精华素	取适量的精华素均匀涂抹于肩、颈部		
涂营养霜	取适量的营养霜均匀涂抹于肩、颈部		

四、肩、颈部按摩的注意事项

1. 颈部皮肤较薄，血管表浅，又有颈动脉窦，因此护理动作要轻柔，不可过分用力压迫颈部血管。如顾客感觉不适，美容师应立即减轻力度或停止按摩。

2. 肩部皮肤易干燥，而上胸部皮肤则容易出油，护理时可兼顾两者的特点，选用不同类型的产品，进行差别护理。

相关链接

肩、颈部常见劳损性疾病简介

1. 肩周炎

肩周炎即肩关节周围炎，是指以肩关节疼痛和功能活动明显受限甚至肩部肌肉萎缩为主要表现的常见疾病，由于多发于中老年，又称为"五十肩"。肩周炎是软组织退行性病变，与肩部组织外伤后固定过久，肩周组织继发萎缩和粘连、肩部牵拉或活动过度及感受风寒湿邪侵扰等因素有关，表现为肩部疼痛、活动受限、怕冷等症状。肩周炎主要通过运动疗法、中药外敷疗法、推拿疗法治疗，患者在生活中应根据肩周炎康复方法适当增加患侧肩部锻炼，注意肩部保暖，加强饮食营养。

2. 颈椎病

颈椎病又称为颈椎综合征，是指颈椎间盘组织退行性改变及椎间结构继发性改变刺激和压迫神经根、脊髓、椎动脉、交感神经等组织，出现相应的各种症状和体征的一种脊柱病症。颈椎病是一种常见的颈部疾病，有颈部外伤史、慢性劳损、感受风寒湿邪、长期低头工作、头顶重物等易发此病，表现为颈部活动受限、颈背疼痛、上肢无力、手指发麻、下肢乏力、行走困难、头晕、恶心、呕吐，甚至视物模糊等症状。除采用止痛剂、镇静剂等内服药物治疗外，运动疗法、推拿疗法、牵引疗法、热敷疗法等是常用的治疗方法，患者应保持身心愉快，注意颈部保暖，做颈部操，不要长时间低头劳作。

学习单元 4　头 部 按 摩

【学习目标】
1. 掌握头部按摩手法。
2. 掌握头部护理程序。

【知识要求】

一、头部按摩的作用

中医学认为，头为人体诸阳之会，即六条阳经与任督二脉汇集于头部，按摩头部可以疏通经络、畅通气血、补充阳气，还可以清脑明目、宁心安神。现代医学认为，头部按摩可以促进头部皮肤新陈代谢、改善头皮部位营养、调节皮肤分泌功能，并可以缓解疲劳、延缓衰老。

二、头部按摩手法

常用的头部按摩手法主要有指揉法、指按法、捻法、擦法等。

1. 指揉法。以手指罗纹面吸附于体表施术部位上，做轻柔和缓的上下、左右或环旋揉动，称为指揉法。操作时腕关节放松，以肘关节为支点，前臂做主动运动，通过腕关节使手指罗纹面在施术部位上做轻柔的小幅度上下、左右或环旋运动。指揉法要求腕关节保持一定的紧张度，指腹吸定受术部位，压力适中，揉动时要带动皮下组织，不可在体表形成摩擦运动，动作要灵活而有节律性。

2. 指按法。以手指按压体表，称指按法。操作时拇指罗纹面置于施术部位或穴位上，其余四指张开，置于相应位置以支撑助力，腕关节悬屈 $40°\sim60°$。拇指主动用力，向下垂直按压。当按压力达到所需的力量后，要稍停片刻，即所谓的"按而留之"，然后松劲撤力，再做重复按压，使按压动作既平稳又有节奏性。指按法要求按压的用力方向多为垂直向下或与受力面相垂直，用力宜由轻到重，按后可施以揉法，按一揉三。

3. 捻法。用拇指、食指夹住治疗部位进行捏揉捻动，称为捻法。是用拇指罗纹面与食指桡侧缘或罗纹面相对捏住施术部位，拇指与食指相向主动运动，稍用力较快速地捏、揉、捻动，如捻线状。捻法要求拇指与食指的运动方向相反，做相向的捏揉，动作不能呆板、僵硬，要灵活连贯，柔和有力。

4. 擦法。用指、掌贴附于施术部位，做快速的直线往返运动，使之摩擦生热，称为擦法。擦法分为全掌擦法、大鱼际擦法和小鱼际擦法。以手掌的全掌、大鱼际或小鱼际着力于施术部位，腕关节伸直，使前臂与手掌相平。以肩关节为支点，上臂主动运动，使掌指面、大鱼际或小鱼际做前后方向的直线往返摩擦，并产生一定的热量。擦法要求压力适中，不可擦破皮肤，力度均匀，动作连续，擦动时，要做直线往返移动，不可歪斜而影响生热效果。

三、头部按摩操作步骤

1. 拇指按压头部横三条。双手四指轻按于头部两侧，拇指从头正中线沿发迹至耳前依次按压五点，再依同样方法按压发迹上两寸一线和百会穴至耳尖一线（见图6—31）。

图6—31　拇指按压头部横三条

2. 拇指按压头部竖三条。双手四指轻按于头部两侧，拇指由发迹沿头顶正中线至百会穴叠按四点，再分别由眉中、眉尾直上发迹处按压至百会穴（见图6—32）。

图6—32　拇指按压头部竖三条

3. 五指按压头部。五指指腹分开按压于头部（见图 6—33）。

4. 五指按揉头部。五指指腹分开按揉于头部（见图 6—34）。

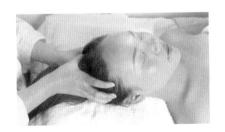

图 6—33　五指按压头部　　　　　　　图 6—34　五指按揉头部

5. 提拉头发。双手手背靠近头顶皮肤，用四指指缝梳理头发，并轻夹住头发，向上提拉（见图 6—35）。

6. 捻耳垂、擦耳根、盖耳郭。用双手拇指与食指同时捻耳垂，而后用食指、中指或中指、无名指夹住耳根做擦法，以受术部位发热为度，再用食指、中指放在耳郭后面，将其向前盖住（见图 6—36 至图 6—38）。

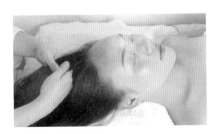

图 6—35　提拉头发　　　　　　　　　图 6—36　捻耳垂

图 6—37　擦耳根　　　　　　　　　　图 6—38　盖耳郭

7. 梳理头部。用四指指腹梳理头部，两手交替进行（见图 6—39）。

8. 扫散头部颞侧。用四指托住后脑，两手拇指内收，同时扫散头部两颞侧（见图 6—40）。

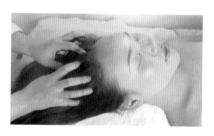

图6—39　梳理头部

图6—40　扫散头部颞侧

9. 按揉风池穴。用双手托住后脑，双手中指、无名指按揉风池穴，再按压风池穴（见图6—41）。

图6—41　按揉风池穴

四、头部按摩的注意事项

1. 按揉头部动作力度要适中，力度不宜过大，如果对儿童进行按摩，则避开百会穴。

2. 按压和按揉动作力度宜由轻到重，舒缓而有节律。

第7章
修饰美容

学习单元 1 护 甲 美 甲

【学习目标】

1. 掌握指甲的生理结构。

2. 熟悉常用护甲和美甲的设备及用品用具。

3. 掌握基础美甲方法。

4. 掌握涂甲油方法。

5. 熟悉指甲的养护方法。

【知识要求】

一、指甲的生理结构

1. 指甲的组织结构（见图 7—1）

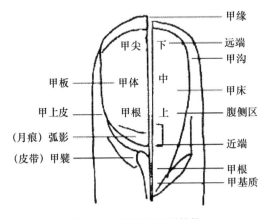

图 7—1 指甲的组织结构

（1）甲基（matrix）。甲基又称甲母，位于指甲根部。其作用是产生组成指甲的角蛋白细胞。甲基含有毛细血管、淋巴管和神经，因此极为敏感。甲基是指甲生长的源泉，甲基受损就意味着指甲停止生长或畸形生长。

（2）甲根（nail root）。甲根位于皮肤下面，较为薄软。其作用是促使新产生的指甲细胞推动老细胞向外生长，促进指甲的更新。

（3）甲床（hyponychium/nail bed）。甲床位于指甲的下面，含有大量的毛细血管和神经。

（4）甲板（nail plate）。甲板位于指皮与指甲前缘之间，附着在甲床上。甲板由几层坚硬的角蛋白细胞组成，本身不含有神经和毛细血管。

（5）甲弧（lunula）。甲弧位于甲根与甲床的联结处，呈白色，半月形。甲板通过甲弧与甲基相连。

（6）指甲前缘（free edge）。指甲前缘是指甲顶部延伸出甲床的部分。

（7）指甲上皮（eponychium）和指皮（cuticle）。指甲上皮是指甲深入皮肤的边缘地带；指皮是覆盖甲根上的一层皮肤，它也覆盖着指甲后缘。

（8）甲皱裂（nail wall）和甲沟（nail groove）。甲皱裂是甲根浅表和甲体两侧的皮肤隆起；甲沟是甲皱裂和甲床之间的沟。

（9）指骨（bone）。指骨决定着手指的整体行动——弯曲和伸展，它同时也给予手指以力量和支持，甲板和甲床的一个作用就是保护指甲内的指骨。

脚趾甲的结构大致与手指甲相同。指甲生长和健康状况取决于身体的健康状况、血液循环情况和体内矿物质的含量。

2. 指甲的生理功能

（1）甲基。甲基是指甲生长的源泉，甲基受损就意味着指甲停止生长或畸形生长。甲基产生的细胞构成了甲板，甲基的大小和形状决定指甲板的厚度和宽度。甲基区域越宽，指甲板也就越宽，因此，大拇指的指甲板肯定比小拇指的指甲板宽。同样，甲基区越长，指甲板越厚。如果甲基因任何原因受到损坏，可以从指甲板上体现出来。

（2）甲根。甲根的作用是促使新产生的指甲细胞推动老细胞向外生长，促进指甲的更新。当指甲板细胞成熟时，它们会从甲基中释放出来。随着更多的指甲板细胞的形成，新细胞把旧细胞推到指甲上皮层和甲弧区，这个过程称为自然指甲的生长。

（3）甲床。由于含有毛细血管，所以甲床呈粉红色，可以通过甲床的颜色判断身体健康情况。

（4）甲板。甲板保护手指和指骨。

（5）甲弧。甲弧联结甲板和甲基。

（6）指甲前缘。通过修剪和打磨指甲前缘可以美化指甲。

（7）指甲上皮和指皮。指甲上皮构成了一个保护指甲板形成区域的封口和屏障。在手护理过程中，如果操作不正确，可能导致指甲的严重损伤。

（8）甲沟。指甲嵌入和拔倒刺等损失易引起甲沟化脓感染，形成甲沟炎。

二、常用护甲、美甲的设备及用品用具

1. 常用护甲设备的分类及使用要求（见表7—1）

表7—1　　　　　　　　　常用护甲设备的分类及使用要求

设备名称	图　示	用　途
电动打磨机		快速打磨指甲前缘，不可打磨甲床部分的指甲主体，以免高温烧伤甲床
蜡膜机		用于手部护理，给双手均匀敷上蜡膜，可以促进营养物质吸收
甲油烘干机		可以使涂上的指甲油干得快
电热手套		手部护理时促进保养物质吸收
消毒柜		消毒美甲工具

续表

设备名称	图　示	用　途
干裂手护机		对干裂的手部皮肤进行护理
电热脚套		足部护理

2. 常用美甲用品、用具分类及使用要求

（1）美甲用品分类。美甲用品按生产工艺和外部形态可分为膏类、蜜类、粉类、液体类；按用途可分为清洁消毒类、护甲护肤类、修饰类、造型类和治疗类（见表7—2）。

表 7—2　　　　　　　　　　　　美甲用品分类表

类型	用品名称
清洁消毒类	75％酒精、消毒液、医用清洁霜、皂液、护理浸液、洗树脂水、丙酮、洗笔水、洗甲水、特效卸甲水、磨砂膏、去死皮膏、专用卸甲剂等
护甲护肤类	按摩膏（油）、营养油、润肤露（乳液）、增长护甲油、加钙底油、水分护理油、蛋白硬甲亮油、指皮软化精华油、指皮除去剂、指甲精华素等
修饰类	有色指甲油、甲油稀释剂、亮油、彩钻、吊饰、贴饰、甲片、彩色甲片、防紫外线亮油等
造型类	水晶甲液、水晶甲粉、黏合剂、甲片胶、丝绸、纤维、松脂胶、反应液、结合剂、透明光疗胶、封层胶、彩色甲液、彩色甲粉、彩色光疗胶、闪光凝胶等
治疗类	灰甲维生素护甲油、菌甲治疗液、灰甲净、邦迪创可贴、小苏打等

（2）美甲用具分类。美甲用具是美甲操作中使用的器具。随着美甲行业的发展，美甲的工具越来越专业，品种也越来越多，可以分为硬件和耗材（见表7—3）。

1）硬件。硬件包括美甲台、美甲座椅、美甲灯、美甲机等。

2）耗材。耗材包括甲油、光疗胶、水晶粉、饰品、彩绘颜料和美甲专用笔等。

美甲用具非一次性用品，每次使用前必须消毒，因此，用具大小以能放进消毒液容器中为宜。

表 7—3   常用美甲用具

名称	形状及分类	使用要求	注意事项
泡手碗	专业泡手碗如手的形状，将手放在上面正好与碗的形状相吻合	将泡手液或温水倒入泡手碗中，先浸泡左手，5 分钟后再换右手，这样既可清洁指甲，又可松软指皮	注意调试水温，不可太凉或太热
指甲剪	指甲剪有大小之分，根据前端的形状可分为平头和斜面两种	在洗净双手之后，先用平头指甲剪剪出所需的长度，如指甲两侧的甲沟太深，且往甲沟方向长，应用斜面指甲剪掉两边的指甲	在剪指甲时不管是用平头指甲还是斜面指甲，都不可剪得太深。把指甲剪得较深，甲床会变得越来越短，影响指甲的美观，尤其是女性。修方形指甲时，指甲前端的两个角不要剪去
推皮棒	推皮棒分为木推棒、钢推棒和推皮砂棒	专业美容店多用钢推棒，先用椭圆扁头的一面将手指上老化的指皮往手心方向推动，以使甲板显得修长，再用另一头的刮刀刮净残留在指甲上的角质	推指皮时用力应适度，不可过猛，以免损伤甲基，影响指甲的生长
指皮钳	指皮钳一般都由不锈钢材料制成，既有剪刀形（弯的指皮剪刀），也有钳子形	用指皮钳剪去刚推完的死皮和肉刺，使手指显得美观整齐	使用时应直接剪断指皮，不可拉扯，以免损伤指皮，并不可剪得太深
指甲锉	指甲锉分为钢锉和彩色锉条，也就是通常所说的花锉	将剪好的指甲用钢锉或花锉按先两侧后前端的顺序修磨成所需的形状	在使用钢锉和花锉修磨指甲形状时，注意指甲两侧的修磨要精细，前端一定要圆润

续表

名称	形状及分类	使用要求	注意事项
抛光海绵	有三面抛光条和四面抛光块两种	一般按照黑、白、灰的使用顺序依次抛光。黑色面可抛去指甲表面的角质，白色面可把指甲表面抛得更细，灰色面可把表面抛亮。经过这三道程序后，指甲就会显得晶莹亮泽	如果顾客的甲板较薄，不可用四面抛光块最粗的那一面抛，否则指甲会越抛越薄。抛光时切勿来回摩擦，因为摩擦所产生的热度会令人不适
刷子	刷毛可以是塑料或鬃毛材质	手部护理时用来清洁指甲及打磨出的碎屑	使用刷子时动作要轻柔，避免带来不适感

三、基础美甲

1. 指甲修整的操作要求

（1）修整指甲的步骤见表 7—4。

表 7—4 修整指甲的步骤

步骤	操作要求
步骤一	清洁双手，用棉棒蘸洗甲水将指甲上残存的甲油擦去，然后清洁双手
步骤二	用职剪将指甲修剪成理想的形状
步骤三	用甲锉将修剪后的甲缘锉光滑
步骤四	用温软皂水浸泡指甲 5～10 分钟，使甲皮松软。细嫩的皮肤浸泡时间略短，粗糙的皮肤浸泡的时间略长。浸泡后揩干，涂护肤霜
步骤五	用甲铲将贴于指甲上的甲皮推起
步骤六	用甲皮剪将甲皮及指甲两边的老皮剪去，再用甲皮钳将多余的角质除去
步骤七	用甲垢勺将甲缘夹缝中的甲垢剔除
步骤八	将润肤霜涂于双手，进行简单的手部按摩

（2）常见修理指甲的形状

1）椭圆形指甲。这是比较流行而受大多数人喜欢的一种形状。在手指形状十分协调的基础上，椭圆形指甲会增加手指的长度感，改善短粗手指的形象。

2）自然形指甲。这种形状适合手形、手指柔美，或者所从事的工作不适宜留长指甲的人，依指甲的自然长势进行修剪，长度略超过指尖，指甲的顶端呈弧形。

3）方形指甲。这种形状比较适合指甲偏窄的人。

4）尖形指甲。手小、手指细的人将指甲修剪成尖形，可以使手显得修长、玲珑秀美。

2. 指甲基础保养的操作要求

（1）将指皮除去霜涂抹于指皮及指甲沟上，并轻轻按摩指甲。

（2）将温水（37～38℃）注入泡手碗，加入些许软化剂或精油，把手浸泡约 5 分钟。

（3）擦干手后用推皮棒轻轻推压指皮（像画圆圈般），使指皮形状左右对称。如果指甲或指皮比较脆弱，最好在推皮棒上卷上一层化妆棉，以保护指甲。

（4）用指甲刷将指甲周围清理干净，并清除已脱落的指皮屑（指皮周围多余的角质），将手指浸入洗手盆，边刷边冲洗。

（5）以纱布裹住拇指或食指，像画圆圈般轻轻按摩，拭除已脱落的指皮屑。

（6）用指皮剪剪除肉刺及无法拭除的指皮。使用时须特别小心，不要伤到手指。指皮过长时，要将指皮全部剪除。

（7）将指皮保养油涂抹于指皮及指甲沟上，并轻轻按摩，以免指皮变硬。

（8）涂擦指甲油前，用棉签蘸些酒精，将指甲里外及指甲尖的保养油擦干净。如果保养油残留于指甲表面，会造成指甲油脱落。

3. 指甲表面抛光的操作要求

三色抛光块含有三个抛光面，分别为黑色、白色和灰色。黑色面可抛去指甲表面的角质，白色面可把指甲表面抛得更细，灰色面可把表面抛亮。经过这三道程序，指甲就会显得晶莹亮泽。

用三个抛光面中任意一面抛光指甲表面时，都要做到快、准、轻。快是指打磨的单次次数要快，一手抓住抛光条快速抛光指甲表面，来回三到四下，抛光条抬起，一次抛光结束，指甲在抛光后可以有玻璃般的光泽度；准是指要对准指甲再下手抛光，千万别伤到指甲周围的皮肤组织；轻是指抛光的力度要轻，如果指甲表面有热感要立即停止抛光，否则会伤到指甲下的皮肤。如果顾客的甲板较薄，不可用抛光块最粗的那一面抛，否则指甲会越抛越薄。抛光时切勿来回摩擦，因为摩擦所产生的热度会令

美容师

人不适。

四、涂指甲油

1．指甲油颜色的选择

指甲油颜色的选择应遵循以下原则：

（1）东方女性因其肤色偏黄，应避免选择灰色系、黄色系的指甲油，此类指甲会使肤色显得更加灰暗，没有光泽。

（2）手形显得纤长、白皙的女性可以选择鲜艳的玫瑰红色系的指甲油，使手指有纤美的感觉。

（3）参加晚宴或社交活动时，可选择金色、红色、紫色等具有华贵质感的指甲油搭配晚礼服，会使人看起来更加耀眼。

（4）皮肤白皙、成熟端庄的女性可选用浅黄色、银灰色指甲油做法式指甲，会给人以典雅、秀美的感觉。

（5）上班族或者学生应该选择典雅、稳重的红色系、浅粉色或半透明的指甲油，会使人感觉自然、不夸张。

（6）喜欢突出个性的女性不妨选用流行色系的指甲油，如亮白色、银色、金属紫色等，再配上与众不同的服饰，一定会令人耳目一新。

指甲油的颜色选择与服饰搭配协调统一才能凸显风格，具体搭配要求见表7—5。

表7—5　　　　　　　　　　　　　指甲油颜色搭配

指甲油颜色	搭　　配	风　　格
黑色	简单搭配可以选择金色的平底鞋、白色或者深棕色的上衣、黑色的紧身牛仔裤，其他佩饰的颜色可以自由选择 黑色的指甲油和身上任何的金色都能构成强烈的对比，并能衬托金色，使其更为闪亮	夺目酷感
红色	穿黑色衣服的时候用红色指甲油 白色在一些情况下也可以和这种指甲油搭配，但效果不如黑色。最好不要着白色套装，单件白色上衣效果尤佳 搭配蓝色的牛仔裤也可以，不过最好是深蓝色 搭配灰色或者黑色的配饰也不错，比如围巾 搭配红色指甲的最佳首饰为钻石或者珍珠耳钉	成熟

续表

指甲油颜色	搭配	风格
海军蓝	搭配银色衣服或者配饰 搭配任何风格的白色，都可以让人眼前一亮 搭配黑色衣服 搭配同一色系的衣服时，选择比衣服颜色稍微深一个色号的蓝色指甲油 搭配金色的头饰、耳环等	端庄
天蓝色	海军蓝的衣服和天蓝色的指甲搭配起来会很好看，但是天蓝色衣服和海军蓝指甲的效果不尽如人意 若是衣服或者裤装、裙装是天蓝色的，那么最好不要选用同样颜色的指甲油。若衣服上的天蓝色只是点缀，则可以选用同样颜色的指甲油	淡雅
黄色	灰色最适合黄色指甲，浅灰要比深灰好。搭配白色衣服，浅黄要好过深黄 可搭配灰色的裤子、白色上衣、黄色发带（与指甲油的颜色类似）、白色或者银色的耳环	生动
棕色	搭配黑色的衣服比较和谐，搭配大地色系的衣服则很有气质 搭配金色和银色系的服饰	沉稳
金色	搭配白色衣服效果最好 搭配黑色有金色装饰物的衣服	耀眼

2. 指甲油的选择与涂抹方法

（1）指甲油的选择。指甲油的种类见表7—6。

表7—6　　　　　　　　　　　　　　　指甲油的种类

名称	分类	用法	注意事项
底油	加钙底油 蛋白质底油 保湿底油	在指甲抛光后上底油。在涂甲油之前上底油可防止指甲变黄，起到营养指甲的作用。如顾客指甲较软则用加钙油	涂甲油之前必须涂底油
甲油	普通型 快干型	深色甲油的涂法：深色甲油一次涂的量不宜太多，否则会显得厚重、不均匀。每次涂薄一些，涂2～3遍，效果较好 浅色甲油的涂法：粉色等浅色甲油在涂第一层时需特别注意甲油的蘸取量和刷甲油的倾斜度 珠光甲油涂法：珠光甲油容易干，在刷上蘸取量稍多一些的甲油时，要尽快涂好，否则会显得不均匀，因此刷子应直立使用。为避免留下痕迹，应先涂两边，后涂中间	涂甲油时不可涂到指皮和甲沟上

续表

名称	分类	用法	注意事项
亮油	普通亮油 UV亮油	把亮油涂在干后的指甲油上面，能保护甲油亮泽和延长脱落时间	在甲油完全干后才能涂亮油

（2）指甲油的涂抹方法

1）清洁指甲

充分清洁指甲，除去杂物，然后把指甲晾干。如果指甲表面不干净，附有灰尘、油脂等杂物的话，就会影响涂指甲油的效果，即使用再好的指甲油，也很可能产生颜色不匀、附着力差、容易剥落等现象。

2）涂底油

均匀涂一层指甲油底油可以使指甲表面更加平滑，能增强指甲油的附着力，阻止指甲油中的有害成分直接接触指甲。

3）涂指甲油

涂指甲油的时候，力度要均匀。每次拔出刷子的时候，都在指甲油瓶口刮一下再涂，这样就可以基本保持每次涂的时候刷子上的指甲油量基本相等。涂第一下时，应该从指甲中间开始，将指甲油刷头对准指甲根部，轻轻按下，使刷子散开呈扇状，最大面积地接触指甲，再向指甲尖方向滑行，之后再将两侧的部分轻轻修一下。指甲油刷在向指尖滑行的时候，要施加压力，在它即将滑到尽头离开指甲尖的那一刻，一定要减轻压力，向上离开指甲，否则指甲尖那部分会刮下一堆指甲油，难以补救。

4）涂亮油

指甲油干了以后，在上面再涂一层亮油，可以使指甲油表面看起来更加光亮、平滑。

五、指甲的养护

1. 指甲的生长及保养

（1）指甲的生长。指甲的生长速度不仅因人而异，而且受年龄、气候、营养、性别等因素影响。婴儿的指甲每周约生长 0.7 mm，随着年龄的增长，其生长速度随之加快。成年后，指甲每周平均可生长 1～1.4 mm，但多数人在 30 岁以后，指甲生长速度即会减慢。夏天指甲长得快，冬天长得慢，上午长得快，晚上长得慢。此外，经常摩擦也会使指甲生长速度加快，所以习惯用右手的人右手指甲比左手的长得快。每个指甲的生长速度并不完全相同，通常是手指越长，指甲长得也越快。

（2）指甲的保养

1）清洁指甲

要彻底清除指甲上的残污余垢，可把手指放在温肥皂水或加了柠檬的水中浸泡一会儿，使甲缝中的污垢浮出，甲皮变软。洗手时动作要轻柔，避免用硬毛刷刮指甲，以免指甲变脆弱，造成指甲上翘而脱离甲床。用指甲去角质剂软化指甲周边的干硬表皮，涂上后稍待片刻，再用棉花棒旋转按摩表皮，除去硬皮。如果指甲比较干燥，可改用橄榄油或杏仁油浸泡。

2）使用护甲霜

每天睡觉之前擦上护甲霜，按摩至吸收，可以滋润、软化指甲边缘的死皮和滋养甲面。血液循环不良会使双手出现斑点、青紫，指甲呈青色，充分按摩以加强血液循环，使血液流动到双手及甲床，能够使之恢复健康光泽。

3）摄取丰富的营养

指甲是由角质组成的，而角质主要是由蛋白质和钙构成，所以摄入富含蛋白质和钙的食物有助于保持指甲健康亮泽。

4）保持指甲呼吸通畅

如果指甲长期被指甲油、假指甲覆盖，会使指甲变黄、脆弱，容易断裂。因此，要在涂上指甲油的2～3天内卸除干净，然后做指甲保养，让指甲透气，过一段时间后再涂指甲油。涂有色指甲油时应先涂一层保护用的无色指甲油，避免指甲油里的色素沉积在指甲表面。对于有沉积现象的指甲，应让色素自动脱落，不要使用漂白剂漂白指甲。

5）油脂按摩养护

使用橄榄油或润肤膏按摩，会使指甲滋润、柔软。

2. 指甲失调

健康的指甲光滑、亮泽、圆润、饱满，呈粉红色。指甲的生长和健康状况取决于个人的饮食、卫生、睡眠、精神、血液循环情况和体内矿物质的含量。因此，当身体健康状况出现警告信号时，指甲的状况和颜色都会发生变化。此外，营养不良或服用某些药物可能影响指甲的生长速度。如果营养不良或患了神经性厌食症，指甲生长便会缓慢，并出现一些被称为"博氏线"的横沟。身心愉快能促进血液循环，使局部血流增多，给指甲提供更多的营养，指甲会显得光滑和富有光泽。指甲生长速度改变与人体的某些病理变化有密切关系，患甲状腺功能亢进、先天性心脏病、帕金森综合征、妊娠期疾病时，指甲生长一般会加快，而患甲状腺功能低下、肾功能不全、糖尿病、营养失调等疾病时，指甲的生长则会变慢。

3. 常见的病态指甲

（1）指甲表面隆起棱纹。指甲表面不平滑，出现不平的棱纹，一般与人的身体健康状况有关系，可能有心脏病、肺病或是有转变成肺炎的征兆。由于指甲表面的血管循环相对较慢，一旦身体健康出现问题，血液无法供应到指甲表面时，便造成指甲生长不稳定，形成不平的棱纹。

（2）指甲变黄和变形。指甲发黄是双手频繁接触洗涤剂等化学物质或是抽烟所致，指甲严重变形可能是循环系统功能障碍。

（3）指甲凹凸不平。指甲表面开始出现小凹痕可能是干癣或者传染病感染所致。

（4）斑点指甲。指甲表面出现白色的斑点可能是慢性疾病或精神创伤所致。

（5）甲癣。俗称灰指甲，具有传染性。此类病甲发病期长，且不易治愈。发病原因多为血液流动不畅、真菌感染所致。颜色呈灰、黑、黄色，自体传染多于接触传染。

（6）甲沟炎、甲床炎。指甲两侧的肉刺除去不当，或甲芯受到创伤，硬刺扎入甲床，均可引起甲沟炎、甲床炎。临床表现为指端肿胀，甲沟或甲床内化脓、发炎，轻压有刺痛感。患者如果配合医生积极治疗，可以在短时间内治愈，患病期间不可接受美甲服务。

（7）指甲剥离症。指甲剥离症是指指甲的一部分分层，通常是由于指甲水分损失过多，过分干燥引起的，如常年不间断涂指甲油、美发师直接用手接触烫发水等。

4. 指甲护理的程序

（1）消毒双手和仪器。

（2）在温水中滴入指甲浴液，准备泡手。

（3）泡手，按摩手指。

（4）涂软甲皮剂，推指皮，剪指甲，剪指甲边皮。

（5）修指甲形状，打磨指甲边缘。

（6）用三面磨光海绵的黑色面打磨指甲。

（7）用三面磨光海绵的白色面打磨指甲。

（8）用三面磨光海绵的灰色面抛光。

（9）涂指甲润甲油，按摩。

（10）涂润手霜。

相关链接

指甲与健康

指甲是手指的甲胄，主要作用是保护指端，使其免受伤害。手指甲和脚趾甲在古代统称为爪甲，又名筋退。爪为筋之余，筋为肝所主，肝与筋的精气盛衰常反映于爪甲。《素问·五脏生成》："肝之合筋也，其荣爪也。"《素问·六节脏象论》："肝者，罢极之本，其华在爪，其充在筋。"李时珍曰："爪甲者，筋之余。"认为它依附于筋，故有"筋退"之称。

中医学认为指甲同心、肺、肝、脾、胃等许多脏器有密切关系，因而临床上结合四诊、八纲提出了"辨爪法"。正常人的指甲平滑、光洁、半透明，内泛淡红色。

如果指甲呈白色，表示身体里的血液不太充足，有贫血征象；指甲白蜡色无光华是溃疡病出血或有钩虫病等慢性失血症的表征；在伤寒等热性病的末期，患者指甲白如死骨，光泽全无；人受到巨大惊吓时，面色铁青，指甲为灰白色，但过后能恢复；如指甲平时为灰白色，这是肺结核晚期和肺源性心脏病心力衰竭的征兆；如果指甲全部变白，与健康人半月形甲弧的颜色相类似，应该考虑肝炎甚至肝硬化的可能。

如果指甲呈黄色，表示肝脏有问题，多为黄疸性肝炎，也见于慢性出血性疾患，甲状腺机能减退、肾病综合征和胡萝卜素血症也可引起黄甲；如果指甲不仅发黄变厚、侧面弯曲度增大，而且生长缓慢，每周低于 0.2 mm，再加之胸腔渗液和原发性的淋巴水肿，应考虑"黄甲综合征"。

靠近甲根为绯红色而甲体中部、前端为淡白色者，多患咳痰、咯血症；甲体全部呈绯红色为早期肺结核及肠结核的象征。

白喉、大叶性肺炎、急性肠道传染病和食道异物阻塞患者的指甲呈青蓝色；肠原性青紫症及其他亚硝酸盐类中毒，会出现蓝甲，内服阿的平也可使指甲变成蓝色。

砷、铊、氟中毒时，指甲可出现黑纵纹或白横纹。指甲远端如有明显发黑，则是慢性肾功能衰竭的体征。缺乏维生素 B_{12}，也会出现黑甲。小儿发高烧、抽搐时，指甲呈青紫色。急腹症患者四肢厥冷，指甲会突然发青；孕妇如果胎死腹中，指甲则持续性发青。

指甲呈灰点"风斑"，俗称灰指甲，属于指甲本身的疾病，医学上称为甲癣，是由几种表皮霉菌引起的，宜早做治疗，否则蔓延开来会引发手癣、足癣和体癣等。

学习单元 2 嫁 接 睫 毛

【学习目标】

1. 熟悉嫁接睫毛的用品、用具。

2. 掌握嫁接睫毛的操作步骤与注意事项。

【知识要求】

一、睫毛的生理结构

睫毛是生长于睑缘前唇睫部的短毛发，粗黑略有弯曲，沿睑缘排列成 2～3 行。上睑睫毛多而长，通常有 100～150 根，长度平均为 8～12 mm，稍向前上方弯曲生长；下睑睫毛少而短，通常有 50～70 根，长度平均为 6～8 mm，向下弯曲生长。

一般人上睑睫毛的倾斜度在睁眼平视状态下为 110°～130°的占 79.8%，在闭眼状态时为 140°～160°的占 83.5%。当闭眼时，上下睫毛并不交织。患了沙眼可引起"倒睫"，使睫毛内翻刺向眼球，损害角膜，需要动手术矫正。

上下睑中央部睫毛较长、较多，内眦部睫最短。睫毛的颜色一般较头发深，也不因年老而变白（偶尔可见数根老年性白睫），但也可由于某种疾病（如白化病）而成白色。睫毛在毛发中的寿命最短，平均寿命为 3～5 个月，不断更新，一根发育的睫毛自拔除后，一周即可长出 1～2 mm，约经 10 周可达到原来的长度。睫毛毛囊神经丰富，故睫毛很敏感，触动睫毛可引起瞬目反射。毛囊周围有汗腺及皮脂腺，它们的排泄管开口于睫毛毛囊中。

睫毛对眼睛有保护作用，上下睑缘睫毛似排排卫士，排列在睑裂边缘。若有尘埃等异物碰到睫毛，眼睑会反射性地合上，以保护眼球不受外来的侵犯，防止灰尘、异物、汗水进入眼内，可以保护角膜、眼球。睫毛还能遮光，防止紫外线对眼睛造成伤害。

细长、弯曲、乌黑、闪动而富有活力的睫毛对眼形美，以及整个容貌美都有重要作用。人们常采用涂睫毛油、粘假睫毛、卷睫毛及重睑术等方法美化睫毛。

二、嫁接睫毛

1. 常用嫁接睫毛的用品和用具

嫁接睫毛的用品包括胶水、假睫毛（动物毛或人造纤维毛，5～12 mm 规格齐全）。

嫁接睫毛的工具包括美容剪、镊子、酒精棉球、化妆棉、睫毛梳、橡胶吹吸球、透明玻璃片等。

2. 嫁接睫毛的操作步骤与方法

（1）先用温和的卸妆用品彻底卸除眼部妆面，特别是睫毛膏，再用橡胶吹吸球吹干睫毛。然后用保鲜膜将上下睫毛完全隔开，防止其粘连。最后用睫毛梳将睫毛梳理整齐，做好嫁接准备。根据睫毛的长短选择合适的假睫毛，依据天然睫毛的生长规律，保持前短、中长、后稍短的特点，长度要比真睫毛平均长 1/3～2/3。

（2）将少量的胶水挤在透明的玻璃片上，用镊子夹住假睫毛的尾端，将根部 1/3 浸入睫毛胶中再轻轻拖出，如果假睫毛在拖出时有气泡带出，则要在玻璃片上拖干净。

（3）将假睫毛一根一根粘在真睫毛的下面或者侧面，离根部 0.5～1 mm。假睫毛的粘接密度要根据每个人眼部的真睫毛数量而定，每一只眼睛最多粘 20～30 根。睫毛稀少的人粘接密度可以大一些，睫毛稠密的人粘接密度要小点，以表现自然的美感。

（4）粘接完毕，用睫毛刷顺着睫毛的生长方向刷一遍，检测是否粘牢或有多余的粘连，进行针对性修复。检查无误后，用橡胶吹吸球将睫毛吹干，用睫毛剪进行修剪，将真、假睫毛整理到最佳状态，8～10 分钟后才可去掉保鲜膜并睁开眼睛。如果胶水没有完全干透就睁开眼睛，会有轻微的刺激甚至导致流泪，这样会使睫毛无法粘牢。

3. 一般嫁接睫毛的注意事项

（1）真睫毛至少有 2/3 的长度与假睫毛相互粘连，并保持假睫毛的弧线与真睫毛方向一致。每隔几根真睫毛粘接一根假睫毛，并避免相互粘连。

（2）眼睛是极为敏感的器官，在嫁接睫毛的过程中，操作人员的手和工具要严格消毒，否则极易造成感染，出现眼部发炎、红肿，或交叉感染，严重的会感染乙肝、结膜炎等。

（3）假睫毛粘贴离睫毛根部过近会刺激毛孔，导致麦粒肿、眼睑肿，所以要保持 0.5～1 mm 的距离。

（4）24 小时内不要用力揉眼睛和过度清洁脸部。

（5）嫁接睫毛后，基本上可以保证 1～3 个月的美睫效果，假睫毛会随着自然睫毛的生长而脱落，进行修补嫁接可以使之维持较长时间。

（6）嫁接睫毛后，睫毛的长度、浓密度、卷翘度已趋完美，一般不必再涂睫毛膏。

相关链接

睫 毛 移 植

1. 睫毛移植的原理

医生先通过显微外科手术取出后枕部健康的毛囊组织，然后分离毛囊组织，把毛囊移植到眼睫部位。毛囊存活以后，就能自然长出新的睫毛，保持原有毛发的一切特性，而原来的睫毛会坏死。移植过的睫毛会像头发一样不断生长，因此要定期修剪。

2. 睫毛移植的禁忌证

有以下几种情况者不宜做睫毛嫁接术：女性月经期；有心脏病、高血压、糖尿病或其他脏器疾病的患者；严重的瘢痕体质者；感冒、发烧患者；心理不健康者、精神病患者，否则可能引起手术效果与想象不符的冲突。

第 8 章

化妆造型

学习单元 1　美 术 知 识

【学习目标】
1. 了解基本素描的要素与方法。
2. 熟悉色彩的基本知识。

【知识要求】

一、素描

1. 素描的基本因素

素描是一种单色画，通过铅笔在纸上画出的形体结构、比例关系、位置、运动、线条、明暗色调等造型因素的运用表现对象。由于素描剔除了色彩因素，简化、单纯化了对象，从而重点表现得更突出，成为各种造型艺术对造型能力训练的基础课程。素描可以锻炼学生的观察敏锐性与整体性、造型的形式感受及绘画表现能力。可以说，素描既是化妆造型技术的起点，也是艺术思维的开端，是美容师不可忽视的基本功之一。素描的基本因素有五点。

（1）形体。形体是客观物像存在于空间的外在形式。任何物像都以其特定的形体存在而区别于其他物像。形体属于素描造型的基本依据和不变因素。形体可以分解为外形和体积两个因素：外形指平面的视觉外像；体积指空间的立体体量。在素描中，这两者既有各自独立的意义和价值，又是相辅相成、不可分离的统一体。形是体积的外像，体积由形来体现。所以，形体也可以理解为有体积的形。认识素描造型因素中的形体，要树立起立体空间的观念，任何复杂的形体都可以概括为几种基本的几何形体，即立方体、圆球体、圆柱体、圆锥体。日常生活中充斥着几何形体按不同形式组合而成的物像。观察物像时，应首先注意其整体呈现的基本形。构成物像的基本形不同，则物像的形体特征就会不同。把握对象的基本形，就抓住了其形体特征，而准确把握物像的形体特征便奠定了素描造型的基础（见图8—1和图8—2）。

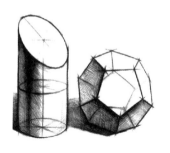

图8—1　立方体组合结构素描

图8—2　静物素描——苹果

（2）结构。素描的结构主要是指物像的内部构造和组合关系。形体与结构是外观与内涵的关系，结构是形成物像外貌的内在依据，不了解它，就无法准确把握物像的一系列外表特征。绘画中对物体结构关系的把握主要在于用面体现其基本形体特征，这样便于理解和把握复杂的结构关系，有利于形象体积的塑造。对结构的这一形体化的概念，可以称为形体结构或几何结构。立体是面的集合体，素描中对立体形象的把握通常是从分面开始的，分面是对物像形体的概括，是对结构的分析。面的概括构成了物像的立体框架，圆或接近圆的形体也可以用概括的面来塑造。

（3）比例。物像的结构、形体等造型因素体现在外观形态上必然同一定的尺度相联系，不同的尺度关系则表现为一定的比例关系。任何物像的形体都是按一定的比例关系联结起来的，比例变了，物像的形状也会随之改变。因此，基本比例的差错必然导致对结构、形体认识和表现的错误。在素描写生的起始阶段，比例的意义尤其重要，画面形象的准与不准往往由比例关系正确与否来决定。素描中比例的概念还可以指各物像之间的大小比例关系，同一物体中局部与整体、局部与局部之间的比例关系，色调的明暗深浅层次的比例关系等。初学绘画可借助工具测量的方法（如利用铅笔测量比例）使基本比例准确，随着观察能力的提高，应逐步抛弃这种方法，着重凭感觉、眼力，靠比较训练观察能力。

（4）透视。自然界物像呈现近大远小的空间现象就是透视现象。用科学的原理和方法把透视现象准确地表现在画面上，使其形象、位置、空间与实景感觉相同，这就是绘画透视。在素描中，透视的运用是在画面上确定物体的深度，即物体及其各部分的形在画面中的空间位置，是绘画中表现物体的立体感和创造空间效果的基本因素。正确理解透视关系先要了解相关的概念（见图8—3）。

视点：作画者眼睛的位置。

视线：视点与物像之间的连线。

视域：固定视点后，60°视角所看到的范围。

视平线：视平线是向前平视时，和视点等高的一条水平线。当图像高于视平线时，我们可以看到其底面；当图像低于视平线时，我们可以看到其顶面；视平线处于物像中间时则底面与顶面我们都看不见。

平行透视：形体正前面的一个平面与画面平行时所呈现的物像透视关系为平行透视。平行透视最少只看到一个面，最多可看见三个面，与画面成直角的形体边线都消失主点。

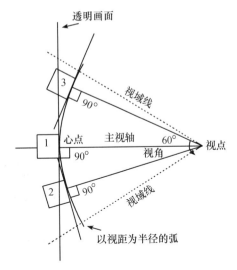

图 8—3 透视的相关概念

成角透视：形体的一面与地面平行，其立面与画面成一定角度，称为成角透视。成角透视最少看到两个面，向画面纵深延伸的边线都分别消失于左右两个余点（见图 8—4 和图 8—5）。

（5）明暗。明暗是素描的基本要素之一，是描绘物像立体与空间效果的重要因素。任何物体在光的照射下都会呈现一定的明暗关系。光源的强弱、距离光源的远近及照射角度的不同都会使物像呈现不同的明暗。光是物体明暗形成的先决条件，也是物体明暗变化的外在因素。物体在一定角度的

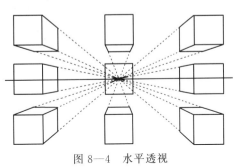

图 8—4 水平透视

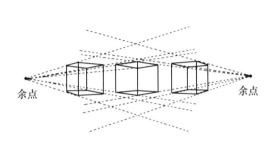

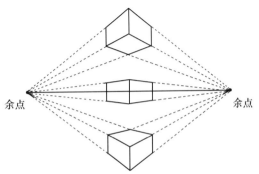

图 8—5 成角透视

光照下，会产生受光部分和背光部分两个既相互对比、又相互联系的明暗系统。物体的明暗层次可概括为三个大面（亮面、暗面和灰面）、五调子（亮调、暗调、灰调、反光和明暗交界线），它们以一定的色阶关系联结成一个统一的整体，这就是明暗变化的基本规律。在一定的光线下，明暗变化是由形体的结构起伏、转折而产生的（见图8—6）。结构是内在的、本质的因素，明暗是外在的、表象的形式。形体结构需要通过明暗来表现，而明暗关系中又处处体现着内在的形体起伏和结构变化。

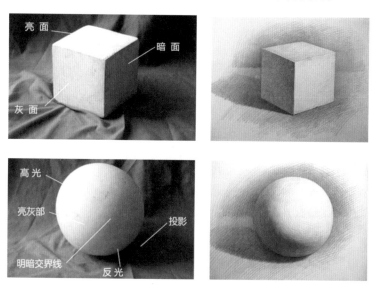

图8—6　几何体的明暗层次

2. 素描的基本原则与头像素描

（1）素描的基本原则

1）全面观察所画对象

一位艺术家说过："感觉到了的东西，我们不能立刻理解它，只有理解了的东西，才能更深刻地感觉它。"这就是说，在作画之前应当全面观察所画对象，不仅用眼，还要用心，只有观察细致、理解透彻，才能画得传神。特别是画人物，应做到形神兼备，也就是气质、情绪能通过姿态与面部表情传达出来。

2）由整体到局部

描绘对象是一个内在相互联系的不可分割的整体，机构的关系、比例的关系、运动的关系、体面的关系、线面的关系都是相对存在、互相制约的。所以好的素描过程在各局部深入的程度应该大致一样，这样才能有效比较、检查和调整。但在全面推进的同时，还必须注意突出重点，分清主次、前后和虚实，不要对所有细节和局部都平

均对待，为了突出重点，就要减弱甚至放弃某些次要的东西，这一原则同样适用于化妆造型。一幅作品的整体效果是由它的一切局部构成的，要把所有局部统一在整体里面，主要依靠视觉反复的比较，整体地看，眼睛不应停留在一点上，而要不断在画幅上来回扫描，反复进行比较和检查。

素描初学者易犯的错误就是从局部画起，画完一部分再画另一部分，往往顾此失彼，因小失大，各个部分单个看都还可以，但整体看却很别扭。

3）画出对象的立体感和空间感

在一张平面的纸上画出对象的立体感和空间感，是素描基础训练中的一个基本要求。当然，素描也表现对象的质感、量感及不同色感。初学者开始观察时总是先看到对象的不同颜色而看不到其体积，因此不敢把深色的受光面画亮，也不敢把浅色的受光面画深，物体固有色的观念影响了研究物体受光后的明暗变化，故而初学者常从画单色的石膏像入手。

4）提炼概括、艺术地表现对象

素描是一个提炼的过程，表达人对外在事物的认识。平均描画所有的细节反而掩盖了对象最主要的部分，应当通过艺术的加工，即提炼和概括、选择和集中，做到大胆取舍、有虚有实。为了强调、突出本质，有时不放过对象细节的微妙变化，甚至运用艺术夸张的手法加强某些特征，减弱或摒弃那些可有可无的东西。

（2）头像素描。素描头像是对单个复杂物的写生，素描头像的作画顺序分为熟悉选定、构图起草、铺涂明暗、定形刻画、调整结束五个阶段。

素描头像一般选用专用素描纸，表面粗糙点的纸比较好。一般选用 3B 或 4B 铅笔起稿，细处描绘一般选用 2B 铅笔。

1）熟悉选定阶段

石膏头像素描作画时间长，反复率高，容易造成"陷入"局部，从而造成忘记整体的错误。学习者应该在熟悉过程中，获得对象完整的印象，全局把握整体。印象应该包括以下几个方面：了解头像的历史背景、人物个性，帮助把握头像的表情和动态特征；熟悉头像的脸形、发型、五官等，帮助把握人物的形象特征；观察分析头像受光后的明暗变化，预先考虑好素描刻画的重点；获得头像的整体印象和做好素描准备工作之后，便可以进行实际素描作画。

2）构图起草阶段

确定构图：将头像的外轮廓概括成几何形，标记在画纸的合适位置。

划分比例：严格按"二分之一"法划分，将构图的几何形，依次按二分之一往下分，并找出接近二分之一处的结构边界，直到全部确定完形体比例为止。划分的顺序

美容师

为：头顶部→底部→眼睛→鼻子→眉毛→嘴→发际→耳朵。学习者可以根据不同的需要，适当调整划分顺序。

草定轮廓：根据划分的比例，用直线得出草定的形象。

3）铺涂明暗阶段

由于石膏头像是一个白色物体，其明暗特点是比较"亮"，所以在铺涂明暗的顺序中，"铺中间色"就显得尤其重要。具体做法如下：

反复涂暗部：石膏像的暗部不是太黑，需要反复涂的次数要比静物少得多。注意点应主要放在明暗交界线和暗部结构的变化上，还要尽量保持暗部的色调统一，这样才能保证留出更多的表现空间画石膏头像的中间灰部分。

铺中间灰：石膏头像的中间灰是明暗变化层次最丰富的地方，结合结构的表现方法来处理。

调整色调：按暗部、中间灰、明部三大块分别调整，将暗部和明部层次压缩，强调中间灰的变化，同时注意背景灰色与头像明暗的衬托关系。

标出明暗边界：在草定的形体上，标出头像的所有明暗交界线和投影的位置，使整个画面分成明、暗两个部分。标明暗边界时要注意两点：第一，要注意明暗交界线与结构的关系，仔细分析明暗交界线产生的原因；第二，要将独立的暗部当作一个完整的形来处理，如将眼睛周围明暗交界线到投影边缘形成的这一暗部当作一个完整的图形。

4）定型刻画阶段

石膏头像的特点是形体复杂，肌理单纯，这给素描的定型和刻画带来很大难度。

定型：由于石膏头像的造型是模仿有生命的人体，因此它的结构和轮廓变化非常多变。以构图的最外点为起点，严格用"二分之一"的比例划分法划分结构比例，做到整体起草、整体定形。

刻画：石膏头像刻画的对象是所有大的转折面的起点和终点，包括轮廓线、明暗交界线和灰面的两端。刻画的重点对象是头像离作画者的最近处和明暗对比的最强点，这些地方通常是眼睛、鼻子和颧骨处。

5）调整结束阶段

石膏头像素描的调整工作非常重要，由于石膏像的细节过多，很容易造成局部对比变化过强、整体关系混乱的差错。因此，调整的主要任务就是修正整体关系。特别需要注意中间灰部是否画"过"了，轮廓线是否富有变化，暗部和明部是否分别统一，亮部与亮部、反光与反光是否有色调差别，主要部分与次要部分是否已区别。最后修补和擦掉空白及污处，签上时间和姓名。

图 8—7　素描头像

3. 人物肖像

人物肖像是对人物的写生，作画顺序要经过构思构图、确定轮廓、深入刻画三个阶段。人物肖像可以用铅笔、钢笔、水彩、油画等不同方式表现（见图 8—8）。

a)　　　　　　　　　　　b)

图 8—8　人像肖像作品赏析

a）达·芬奇作品《肖像素描》　b）达·芬奇作品《自画像》

1）构思构图

在作画前要养成观察对象特征、酝酿自己情绪的习惯。根据对象的职业、年龄、气质、爱好等因素考虑该如何表现，最后欲达到怎样的效果。构图时注意人物位置是否合适及人物前方的空间大小。

2）确定轮廓

轮廓即墙基，要抓准头部基本形、五官位置、明暗交界线的位置、头与肩的关系。要画准轮廓，就必须整体观察、整体比较，多运用辅助线帮助确定位置。

在画准外形的基础上，还需准确定位五官位置。在画五官时要注意中轴线的运用。五官位置可以根据三庭五眼的基本规律，在共性中找出人与人的形象特征，画出人与人的千差万别。在打轮廓时要注意眉、眼、鼻、耳的位置、长度、宽度及厚度。如果这一步画不准，千万不要深入，更不能上明暗。画眉毛要注意眼窝上下凹处的骨点和通过颧骨处凸的转折所呈现的眉深眉淡。画眼睛则要使四个眼角处于一条平行线上，否则眼睛就有高低，令人感觉不舒服。一般上眼皮较重，原因是上眼皮有厚度，且眼睫毛较深，阴影会投射在眼球上，这里往往是整幅画的最深处，很有神采，也易将眼球包在眼皮之中。下眼睑受光，因此轮廓要亮。嘴的刻画关系到人的表情，首先要确定上下嘴唇的厚薄，注意嘴唇不能用线勾得过死。画耳时要与眼、鼻、嘴联系起来看。

明暗交界线是决定头部深度、体积的关键，颧骨处在交界线最突出的部位，有高有低，可视特征而定。人物写生非常重要的是对称，诸如两眼、两耳、两个鼻孔等都要同时考虑。

头发固有色是黑色，但不是漆黑一片，也同样有明暗对比。头发是在颅骨上形成的，发型、明暗都必须考虑结构，头发应画得蓬松，富有质感。

3）深入刻画

此时要好好审视一番，找出最深、最强烈的部位，就从这些地方着手，一般先从眉、眼、鼻、颧骨处开始，一下子即可抓住特征，画出大的关系，但是一定要避免抓住一点反复盯着画，强调局部而使整体关系失调，在深入过程中要始终把握整体。

二、色彩

1. 色彩的基本概念

色彩学是指建立在20世纪表色体系和定量的色彩调和理论上的一套色彩理论，其理论奠基者是德国化学家W·奥斯特瓦尔德和美国画家A·H·孟塞尔。色彩学是研究色彩产生、接受及其应用规律的科学，它与透视学、艺术解剖学一起成为美术的基础理论。由于形与色是物象与美术形象的两个基本外貌要素，因此，色彩学的研究及应用便成为美术理论首要的、基本的课题。作为色彩学研究基础的主要是光学，其次涉及心理物理学、生理学、心理学、美学与艺术理论等多门学科。在色彩应用史上，装饰功能先于再现功能而出现。人类制作颜料是从炙烤动物流出的油与某些泥土的偶然混合开始的，后逐渐以蛋清、蜡、亚麻油、树胶、酪素和丙烯聚合剂等做颜料结合剂，颜料多用于家具、建筑内部、服装、雕像等的装饰上。色彩学的研究在近代才开始，它以光学的发展为基础，牛顿的"日光—棱镜折射实验"和开普勒奠定的近代实验光学为色彩学提供了科学依据，而心理物理学解决了视觉机制对光的反映问题。

色彩学大体可以分为以下几个体系：

（1）色彩与光的关系。色彩从根本上来说是光的一种表现形式。光一般指能引起视觉的电磁波，即所谓"可见光"，它的波长范围约在红光的 770 nm 到紫光的 390 nm 之间。在这个范围内，不同波长的光可以引起人眼不同的颜色感觉，因此，不同的光源便有不同的颜色；而受光体则根据对光的吸收和反射能力呈现千差万别的颜色。由色彩的这个光学本质引发出色彩学这部分内容的一系列问题：颜色的分类（彩色与无彩色两大类）、特性（色相、纯度、明度）、混合（光色混合，即加色混合；色光三原色，即红、绿、蓝；混合的三定律，即补色律、中间色律、代替律）等。孟塞尔综合了前人在这方面的研究成果，建立了孟塞尔颜色系统（见图 8—9）。

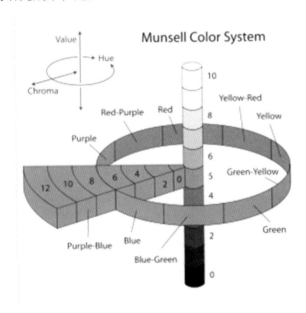

图 8—9　孟塞尔颜色系统

（2）色彩感知的视觉器官。色彩学的这个部分涉及生理学和感知心理学，并且大量运用心理物理学的研究方法。人眼主要由棒体和锥体感受器对光发生视觉反应，一般认为，颜色视觉是以锥体感受器为中介的，锥体感受器主要集中于视网膜的中央区，它含有光敏色素，在接受光的刺激后，形成神经兴奋，传达到大脑皮质中的视觉中枢而产生颜色视觉。由这个基本过程出发，色彩学还研究接受过程，即颜色视觉中的对比（色相、明度的同时对比与连续对比）、常性、辨色能力（也包括色盲、色弱等）等问题。

（3）色彩学与感知个体的关系。色彩会因观者不同、条件不同而使人产生不同的感受，因此引发出色感（冷暖感、胀缩感、距离感、重量感、兴奋感等，由此可将色彩划分为积极的与消极的两种倾向）、对色彩的好恶（包括对单色或复色、不同色调的好恶）、色彩的意义（象征性、表情性等）、色听现象（即联觉）等问题。简言之，这部分主要研究在特定条件下色彩与观者的感受、情感的关系，以个性心理学的研究为基础。

（4）在生活与艺术中的应用。首先，它要研究物象的色彩（光源色、固有色与环境色）、色彩透视、色彩材料（历史、分类、性能、调配规律等），进而讨论色彩的具体应用（生活中的应用主要包括服装、化妆、室内布置等）。在艺术中的应用则是色彩学研究最重要的方面，主要包括绘画色彩（写生色彩与装饰色彩）、舞台色彩（布景、道具、服装、灯光等的色彩）、录像、彩色摄影（也包括电影摄影）等。

丰富多样的颜色可以分成两个大类，即无彩色系和有彩色系。

无彩色系是指白色、黑色和由白黑二色调合形成的各种深浅不同的灰色（见图8—10）。无彩色按照一定的变化规律可以排成一个系列，由白色渐变到浅灰色、中灰色、深灰色、黑色，色度学上称此为黑白系列。纯白是理想的完全反射的物体，纯黑是理想的完全吸收的物体。无彩色系的颜色只有一种基本性质——明度，它们不具备色相和纯度的性质，也就是说它们的色相与纯度在理论上都等于零。色彩的明度可用黑白度来表示，越接近白色，明度越高；越接近黑色，明度越低。

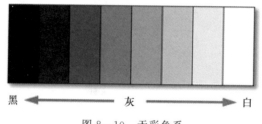

黑 ←——————— 灰 ———————→ 白

图8—10 无彩色系

彩色是指红、橙、黄、绿、青、蓝、紫等颜色，不同明度和纯度的这类色调都属于有彩色系。有彩色是由光的波长和振幅决定的，波长决定色相，振幅决定色调（见图 8—11）。

有彩色系的颜色具有三个基本特性，即色相、纯度（也称彩度、饱和度）、明度。

色相是有彩色的最大特征。色相是指能够比较确切地表示某种颜色色别的名称，如玫瑰红、橘黄、柠檬黄、钴蓝、群青、翠绿等。从光学物理上讲，各种色相是由射入人眼的光线的光谱成分决定的。对于单色光来说，色相的面貌完全取决于该光线的波长；对于混合色光来说，色相的面貌则取决于各种波长光线的相对量。物体颜色是由光源的光谱成分和物体表面反射（或透射）的特性决定的。基本色相的秩序以色相环形式体现，称为色环（见图 8—12）。

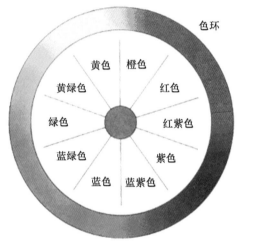

图 8—11　有彩色系

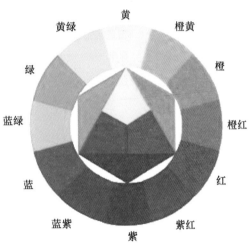

图 8—12　瑞士画家伊顿设计的 12 色色相环

色彩的纯度是指色彩的纯净程度，它表示颜色中所含有色成分的比例（见图 8—13），也称为艳度、彩度、鲜度或饱和度。含有色成分的比例越大，则色彩的纯度越高；含有色成分的比例越小，则色彩的纯度也越低。可见光谱的各种单色光是最纯的颜色，为极限纯度。当一种颜色掺入黑、白或其他彩色时，纯度就产生变化。

有色物体色彩的纯度与物体的表面结构有关。如果物体表面粗糙，其漫反射作用将使色彩的纯度降低；如果物体表面光滑，那么全反射作用将使色彩比较鲜艳。

明度是指色彩的明亮程度。各种有色物

彩度高的色彩

灰暗的色彩

图 8—13　色彩的纯度

体由于反射光量的区别而产生颜色的明暗强弱（见图8—14），也可称为亮度或深浅度等。色彩的明度有两种情况：一是同一色相不同明度。例如，同一颜色在强光照射下显得明亮，弱光照射下显得较灰暗模糊；同一颜色加黑或加白掺和以后也能产生各种不同的明暗层次。二是各种颜色的不同明度。每一种纯色都有与其相应的明度。黄色明度最高，蓝紫色明度最低，红、绿色为中间明度。色彩的明度变化往往会影响纯度。例如，红色加入黑色以后明度降低，同时纯度也降低了；红色加白色以后则明度提高，纯度却降低了。

深暗 ←————————→ 明亮

图8—14　明度

有彩色的色相、纯度和明度三特征是不可分割的，应用时必须同时考虑以下因素：

任意两个原色相混合所得的新色称为"间色"。红＋黄＝橙，蓝＋黄＝绿，红＋蓝＝紫，等量相加产生的橙、绿、紫为标准间色。三个原色混合的比例不同，间色也随之产生变化（见图8—15）。

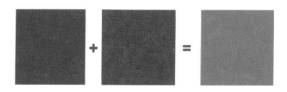

（原色）蓝＋红＝紫（间色）

图8—15　间色

任意两间色相混合所得的新色称为"复色"。橙＋绿＝黄灰，橙＋紫＝红灰，绿＋紫＝蓝灰，等量相加得出标准复色。两个间色混合比例不同可产生许多纯度不同的复色。

颜色产生不同明度变化称为同种色。例如，将翠绿色加白色或加黑色出现的许多深浅不同的绿色即为同种色。

两种以上的颜色如果其主要的色素倾向比较接近，如红色类的朱红、大红、玫瑰红都主要包含红色色素，称为同类色。其他如黄色类的柠檬黄、中铬黄、土黄等，蓝

色类的普蓝、钴蓝、湖蓝、群青等，都属同类色关系（见图8—16）。

| 大红 | 桃红 | 砖红 | 玫瑰红 |

图8—16　同类色

在色环上任意90°以内的颜色，各色之间含有共同色素，故称为类似色。

在色环上任一颜色同其毗邻之色称为"邻近色"。邻近色也是类似色关系，仅是所指范围缩小了一点。

从同类色、类似色、邻近色的含义来看，它们都含有共同色素。采用此类色彩配合给人以统一而调和的感觉。

在色环上任一直径两端相对之色（含其邻近色）称为对比色。

补色又称为互补色、余色。如果两种颜色混合后形成中性的灰黑色，这两种色彩就为互补色。一种特定的色彩总是只有一种补色，如绿与红、黄与紫、蓝与橙等，皆属补色关系，绿的补色是红色，红的补色是绿色。

一种特定的色彩总是只有一种补色，而对比色是一个范围色。

2. 色彩的变化

一个物体在阳光的照射下，受光部会产生暖的感觉，而阴影部就会产生冷的色彩感觉。如强烈的阳光照射在白色墙面上，受光照射的白色墙面会产生暖黄的色彩，背光的墙面阴影处或树干、枝叶留在白墙上的投影则会产生一种偏浅紫蓝灰的冷色彩。如果再细细地观察这些阴影的色彩，我们又会发现墙的上方阴影偏蓝灰色，接近地面的阴影则给人以蓝中带些黄的色彩感觉。这是环境色对投影进行反射的结果。上半部阴影偏蓝是因为天光（蓝天）的色彩反射而形成的；下半部的阴影在蓝色调中逐渐产生偏黄的色彩，是因为地面的色彩对它的反射而形成的。在阴天的光色中和在日光灯的照射下，由于天光和日光灯都属冷色，亮部就非常明显地呈现冷光色，而暗部的色彩则偏暖。这说明物体的受光部冷，暗部就暖；受光部暖，暗部就冷。这种色光现象的冷暖变化本身是一种客观的存在，它与人类的视觉生理及心理密切相关，理解并掌握物体的色彩冷暖变化的规则是我们认识物体在空间中的色彩变化的基本依据。

物体的固有色是该物质的成分对光的吸收与反射作用的结果，由于物体本身的起伏、高低及前后、远近的因素，导致色彩发生很多细微的变化。物体本身的固有色彩会在环境色的影响下产生变化。

在化妆造型设计和体现的过程中，应考虑灯光的作用，了解化妆色彩在色光影响下的变化规律，懂得灯光的不同角度、不同明度和不同的色光对化妆色彩明暗的影响。

表 8—1 不同颜色光对妆容的影响

灯光颜色	对妆容产生的影响
红色光	黄色中感觉有红
	绿色略暗
	青色暗黑
	紫色变红
	红色明亮
黄色光	绿色中感觉有黄
	青色呈青绿
	紫色中感觉有褐
	红色中感觉有黄
	黄色鲜明
绿色光	红色染有绿色浮光
	紫色中感觉有褐
	黄色呈黄绿
	青色暗黑
	绿色鲜明
青色光	红色中感觉有紫
	黄色中感觉有褐
	绿色暗黑
	紫色呈青紫
	青色鲜明
紫色光	红色中感觉有紫
	黄色中感觉有褐
	绿色暗黑
	青色浓丽带有红色浮光
	紫色鲜明
琥珀色	红色不变
	黄色增浓
	绿色有黄色浮光
	紫色变红
	肉色鲜明

对化妆最有利的是琥珀色和黄色光，因为化妆的肤色一般用暖的肉色、面颊红及偏暖的中间色调（棕色），它们在同色相或接近同色相的琥珀色和黄色等色光下都会显得鲜明漂亮。绿色光对化妆最不利，它与化妆的基本颜色是互补或接近互补的，所以绿色光下的妆面会显得灰暗。

3. 色彩的情感效应

（1）色彩的冷、暖感。色彩本身并无冷暖的温度差别，是视觉色彩引起人们对冷暖感觉的心理联想。色彩的冷暖感觉不仅表现在固定的色相上，而且在比较中还会显示其相对的倾向性。例如，同样表现天空的霞光，用玫红画早霞那种清新而偏冷的色彩，感觉很恰当，而描绘晚霞则需要暖感强的大红色，但如与橙色进行对比，前面两色又都加强了冷感倾向。

1）暖色。人们见到红、红橙、橙、黄橙、红紫等色后，马上联想到太阳、火焰、热血等物像，产生温暖、热烈、危险、不透明、刺激的、稠密、深的、近的、重的、男性的、强性的、干的、感情的、方角的、直线型、扩大、稳定、热烈、活泼、开放等感觉。

2）冷色。人们见到蓝、蓝紫、蓝绿等色后，容易联想到太空、阴影、冰雪、海洋等物像，产生寒冷、理智、平静、透明、镇静的、稀薄的、淡的、远的、轻的、女性的、微弱的、湿的、理智的、圆滑、曲线型、缩小、流动、冷静、文雅、保守等感觉。

3）中性色。绿色和紫色是中性色。黄绿、蓝、蓝绿等色使人联想到草、树等植物，产生青春、生命、和平等感觉。紫、蓝紫等色使人联想到花卉、水晶等稀贵物品，产生高贵、神秘感。至于黄色，一般被认为是暖色，因为它使人联想起阳光、光明等，但也有人视它为中性色，同属黄色相的柠檬黄感觉偏冷，而中黄感觉偏暖。

（2）色彩的轻、重感。这类感觉主要与色彩的明度有关。明度高的色彩使人联想到蓝天、白云、彩霞、花卉、棉花、羊毛等，产生轻柔、飘浮、上升、敏捷、灵活等感觉。明度低的色彩易使人联想钢铁、大理石等物品，产生沉重、稳定、降落等感觉。

（3）色彩的软、硬感。这类感觉主要也来自色彩的明度，但与纯度也有一定的关系。明度越高感觉越软，明度越低则感觉越硬，但白色反而软感略低。明度高、纯度低的色彩有软感，中纯度的色彩也呈柔感，因为它们易使人联想起骆驼、狐狸、猫、狗等动物的皮毛、毛料和绒织物等。高纯度和低纯度的色彩都呈硬感，明度越低则硬感越明显。色相与色彩的软、硬感几乎无关。

（4）色彩的前、后感。各种不同波长的色彩彩在人眼视网膜上的成像有前后，红、橙等光波长的色彩在后面成像，感觉比较迫近，蓝、紫等光波短的色彩则在前面成像，在同样距离内感觉就比较靠后，这是视错觉的一种现象。一般暖色、纯色、高明度色、强烈对比色、大面积色、集中色等有前进感觉；冷色、浊色、低明度色、弱对比色、小面积色、分散色等有后退感觉。

（5）色彩的大、小感。由于色彩有前后的感觉，因而暖色、高明度色等有扩大、膨胀感，冷色、低明度色等有缩小、收缩感。

（6）色彩的华丽、质朴感。色彩的三要素对华丽及质朴感都有影响，其中纯度的影响最大。明度高、纯度高的色彩，丰富、强对比色彩感觉华丽、辉煌；明度低、纯度低的色彩，单纯、弱对比的色彩感觉质朴、古雅。但无论何种色彩，如果有光泽，都能获得华丽的效果。

（7）色彩的活泼、庄重感。暖色、高纯度色、丰富多彩色、强对比色感觉跳跃、活泼，冷色、低纯度色、低明度色感觉庄重、严肃。

（8）色彩的兴奋与沉静感。对这类感觉影响最明显的是色相。红、橙、黄等鲜艳而明亮的色彩给人以兴奋感；蓝、蓝绿、蓝紫等色使人感到沉着、平静。高纯度色给人以兴奋感，低纯度色给人以沉静感。

无论有彩色系还是无彩色系，都具有自己的表情特征。每一种色相，当它的纯度或明度发生变化，或者处于不同的颜色搭配关系中时，颜色的表情也就随之改变了。色彩本是没有灵魂的，它只是一种物理现象，但人们却能够感受到色彩的情感，这是因为人们长期生活在一个色彩的世界中，积累了许多视觉经验，一旦知觉经验与外来色彩刺激产生一定的呼应时，就会在人的心理上引发某种情绪（见表8—2）。

表8—2 颜色阐释的心理暗示

红色
红色的波长最长，穿透力强，感知度高。红色能够使肌肉的机能和血液循环加强，使人兴奋、激动、紧张、冲动，容易造成人视觉疲劳。红色是热烈、冲动的色彩，它易使人联想起太阳、火焰、热血、花卉等，感觉温暖、兴奋、活泼、热情、积极、希望、忠诚、健康、充实、饱满、幸福等向上的倾向，但有时也被认为是幼稚、原始、暴力、危险、卑俗的象征。革命的旗帜使用红色可以唤起人民的斗志。中国人用红色表达喜庆
在红色中加入少量的黑色，会使其变得沉稳，趋于厚重、朴实。红色中加入少量的白色，会使其性格变得温柔，趋于含蓄、羞涩、娇嫩。深红及带紫味的红色是给人感觉庄严、稳重而又热情的色彩，常见于欢迎贵宾的场合。含白色的高明度粉红色则有柔美、甜蜜、梦幻、愉快、幸福、温雅的感觉，几乎成为女性的专用色彩

橙色
橙色的波长仅次于红色，与红色同属暖色，具有红色与黄色之间的色性，橙色是欢快活泼的色彩，是暖色系中最温暖的色彩，它使人联想起火焰、灯光、霞光、水果等物象，是富足、快乐、响亮的色彩，给人以活泼、华丽、辉煌、跃动、炽热、温情、甜蜜、愉快、幸福的感觉，但也有疑惑、嫉妒、伪诈等消极倾向性表情
含灰的橙成咖啡色，含白的橙成浅橙色，与橙色本身都是服装中常用的色彩，也是众多消费者，特别是妇女、儿童和青年喜爱的服装色彩。橙色混入较多的黑色后，就成为一种烧焦的色；橙色中加入较多的白色会带有一种甜腻的味道。橙色与蓝色的搭配构成了最响亮、最欢快的色彩组合

续表

黄色

黄色是所有色相中明度最高的色彩，具有轻快、光辉、透明、活泼、光明、辉煌、希望、功名、健康等印象。但黄色过于明亮而显得刺眼，并且与其他色彩相混极易失去其原貌，故也有轻薄、不稳定、变化无常、冷淡等不良含义

含白色的淡黄色感觉平和、温柔，含大量淡灰的米色是休闲色，深黄色另有一种高贵、庄严感。由于黄色极易使人想起许多水果的表皮，因此它能引起富有酸性的食欲感。黑色或紫色的衬托可以使黄色达到力量无限扩大的强度。黄色还被用作安全色，因为它极易被人发现，如室外作业的工作服

蓝色

蓝色是最冷的色彩，使人联想到冰川上的蓝色投影。蓝色表示沉静、冷淡、理智、高深、透明等含义，蓝色在纯净的情况下并不代表感情的冷傲，它只不过表现出一种平静、理智与纯净

浅蓝色系明朗而富有青春朝气，为年轻人所钟爱，但也有不够成熟的感觉。深蓝色系沉着、稳定，是中年人普遍喜爱的色彩。其中，略带暖昧的群青色充满着动人的深邃魅力；藏青色则给人以大度、庄重的印象。随着人类对太空事业的不断开发，蓝色又具有了象征高科技的强烈现代感

绿色

在大自然中，除了天空、江河和海洋，绿色所占的面积最大。草、叶植物几乎到处可见，它象征生命、青春、和平、安详、新鲜等。绿色最适应人眼的注视，有消除疲劳、调节的功能

黄绿带给人们春天的气息，颇受儿童及年轻人的欢迎。蓝绿、深绿是海洋和森林的色彩，有着深远、稳重、沉着、睿智等含义。含灰色的绿色，如土绿、橄榄绿、咸菜绿、墨绿等色彩，给人以成熟、老练、深沉的感觉，是人们广泛选用及军、警规定的颜色

紫色

紫色是波长最短的可见光。紫色明度在有彩色中是最低的，具有神秘、高贵、优美、庄重、奢华的气质，有时也感孤寂、消极。紫色是象征虔诚的色相，当紫色深化、暗化时，又是蒙昧、迷信的象征；一旦紫色被淡化，如同光明与理解照亮了蒙昧的虔诚，优美可爱的晕色会使人们心醉

较暗或含深灰色的紫色易给人以不祥、腐朽、死亡的印象。含浅灰色的红紫或蓝紫色却有着类似太空、宇宙色彩的幽雅及神秘的时代感，在现代生活中被广泛采用。用紫色表现混乱、死亡和兴奋，用蓝紫色表现孤独与献身，用红紫色表现神圣的爱和精神的统辖领域

黑白灰

无彩色系在心理上与有彩色系具有同样的价值。黑色与白色是对色彩的最后抽象，代表色彩世界的阴极和阳极，太极图案就是以黑白两色的循环形式表现宇宙永恒的运动

黑色为无色相、无纯度之色，往往给人沉静、神秘、严肃、庄重、含蓄的感觉，也易让人产生悲哀、恐怖、不祥、沉默、消亡、罪恶等消极印象。黑色的组合适应性却极广，无论什么色彩，特别是鲜艳的纯色，与其相配都能取得赏心悦目的良好效果。黑色不宜大面积使用，会产生压抑、阴沉的恐怖感

白色的色感光明，给人洁净、光明、纯真、清白、朴素、卫生、纯洁、快乐、恬静的印象，性格朴实，具有圣洁的不容侵犯性。如果在白色中加入其他任何色彩，都会影响其纯洁性。在白色衬托下，其他色彩会显得更鲜丽、更明朗，但过多使用白色也可能产生平淡无味的单调、空虚之感

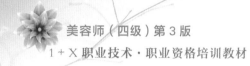

黑白灰
灰色是中性色，其突出的性格为柔和、细致、平稳、朴素、大方。它不像黑色与白色那样会明显影响其他色彩，因此，作为背景色彩非常理想。任何色彩都可以和灰色相混合，略有色相感的灰色能给人以高雅、细腻、含蓄、稳重、精致、文明而有素养的高档感觉。灰色一旦靠近鲜艳的暖色，就会显出冷静的品格；若靠近冷色，则变为温和的性情

褐色
含一定灰色的中、低明度各种色彩，如土红、土绿、熟褐、生褐、土黄、咖啡、咸菜、古铜、驼绒、茶褐等色，性格都显得不太强烈，其亲和性易与其他色彩配合，特别是和明亮色相伴效果更佳。褐色使人想起秋天的收获季节，故也有成熟、谦让、丰富、随和之感

光泽色
除了金、银等贵金属色以外，所有色彩带上光泽后都有华美的感觉。金色富丽堂皇，象征荣华富贵和名誉、忠诚；银色雅致高贵，象征纯洁、信仰，比金色温和。它们与其他色彩都能配合，几乎达到"万能"的程度。小面积点缀具有醒目、提神的作用；大面积使用显得浮华而失去稳重感。如若巧妙使用，装饰得当，不但能起到画龙点睛的作用，还可产生强烈的高科技现代美感

4. 色彩的对比

　　色彩对比是两种颜色相互间的特质被特别强调出来的一种视觉现象。在对比关系中，一方起支配作用，而另一方处于从属地位。色彩对比是用强调手段使色彩产生差别，体现色彩对比的本质。色彩对比有着自身的规律性，常用的四种色彩对比有色相对比、明度对比、纯度对比、面积对比。

　　（1）色相对比。因色相的差别而形成的色彩对比关系被称为色相对比。色相对比是一种相对单纯的色彩对比关系，视觉效果鲜明、亮丽。一般来说，色相对比可借用色相环做辅助说明，根据色相环排列的顺序可把色相对比归纳为六个方面，以说明它的规律及视觉效果。

　　1）同一色相对比。同一色相，是指两个颜色在色环上位置十分相近，在5°左右。因为两者相距非常近，颜色中的同种因素多，产生的对比效果就弱，在色彩中被称为同一色相对比，从视觉角度也可称为弱对比，如红橙与橙、黄橙色对比等。效果感觉柔和、和谐、雅致、文静，但也有单调、模糊、乏味、无力的感觉，必须调节明度差，以加强效果。

　　2）类似色相对比。类似色相的概念是指两个颜色在色相环上的位置在45°左右，距离较近，色差不大，从视觉角度属于中弱对比。与同一色相对比，它显得统一中有变化，变化中不失和谐，如红色与黄橙色对比等。效果较丰富、活泼，但又不失统一、

雅致、和谐的感觉。

3）对比色相对比。对比色相的两色在色相环上相距较远，两色之间的共同因素相对减少，在色环上的距离在 100°左右，称为对比色相对比。它们的视觉效果鲜亮、强烈，也被称为中强对比，如黄绿与红紫色对比等。效果强烈、醒目、有力、活泼、丰富，但也不易统一而显得杂乱、刺激，易造成视觉疲劳。一般需要采用多种调和手段来改善对比效果。

4）互补色相对比。互补色相是指两色的位置在色相环直径的两端，是色距最远的两个色，两色相距 180°，它们的对比关系则是最强烈、最富刺激性的，在色彩学中被称为互补色相对比，就视觉来讲则是强对比，如红与蓝绿对比、黄与蓝紫色对比等。效果强烈、炫目、响亮、极有力，但若处理不当易产生幼稚、原始、粗俗、不安定、不协调等不良感觉。

5）全色相环色相对比。全色相环上 12 色的对比称为全色相环色相对比。但由于色相很多，容易形成杂乱、不安定及难形成统一效果的缺点，因此在组织色彩时一定要注意色块面积的处理和色调的选择。

6）全色相秩序对比。这种对比手法主要是指色相的推移。可在色相环上取全色相的 1/3、2/3 或全色相进行秩序推移，这种方法构成的画面使色彩有光感，显得绚丽夺目。

无彩色对比虽然无色相，但它们的组合在实用方面很有价值，如黑与白、黑与灰、中灰与浅灰等。对比效果大方、庄重、高雅而富有现代感，但也易产生过于素净的单调感。无彩色与有彩色对比，如黑与红、灰与紫，或黑与白与黄、白与灰与蓝等，对比效果感觉既大方又活泼，无彩色面积大时，偏于高雅、庄重，有彩色面积大时活泼感加强。

（2）明度对比。因明度差别而形成的色彩对比称为明度对比。

根据明度色标，凡明度在 0°～3°的色彩称为低调色，明度在 4°～6°的色彩称为中调色，明度在 7°～10°的色彩称为高调色。色彩间明度差别的大小决定明度对比的强弱。3°差以内的对比称明度弱对比，又称为短调对比；3°～5°差的对比称明度中对比，又称为中调对比；5°差以外的对比称为明度强对比，又称为长调对比。

在明度对比中，如果其中面积最大，作用也最大的色彩或色组属高调色，和另外色的对比同长调对比，整组对比就称为高长调。用这种方法可以把明度对比大体划分为以下十种：高长调、高中调、高短调、中间长调、中间中调、中间短调、低长调、低中调、低短调、最长调。

（3）纯度对比。因纯度差别而形成的色彩对比称为纯度对比。

不同色相的纯度因其形度相差较大，很难规定一个划分高、中、低纯度的统一标准。为了简单区别纯度，把各主要色相的纯度平均分成三段：处于零度色所在段内的称为低纯度色，处于纯色所在段内的称为高纯度色，余下的称为中纯度色。

一般来说，鲜艳的色相明确、注目、视觉兴趣强，色相的心理作用明显，但容易使人疲倦，不能持久注视。含灰色等低纯度的色相则较含蓄，不容易分清楚，视觉兴趣弱，注目程度低，能持久注视，但因平淡乏味，久看容易厌倦。

在色相、明度相等的条件下，纯度对比的总特点是柔和，纯度差越小，柔和感越强。对视觉来说，一个阶段差的明度对比，其清晰度等于三个阶段差的纯度对比，因此，单一纯度弱对比表现的形象比较模糊。

纯度对比不足时，往往会出现脏、灰、黑、闷、单调、软弱、含糊等毛病；纯度对比过强时，则会出现生硬、杂乱、刺激、炫目等不良感觉。

（4）面积对比。面积对比是指两个或更多色块的相对色域之间的对比，这是一种多与少、大与小之间的对比。色彩可以组合在任何大小的色域中，面积对比研究在两种或两种以上的色彩之间应该有什么样的色量比例才能达到平衡，不让一种色彩显得较为突出。

相关链接

国际色彩体系

国际上常用的国际标准色彩体系有以下三种：

1. 日本研究所的 PCCS 体系

PCCS（Practical Color-ordinate System）色彩体系是日本色彩研究所研制的，色调系列是以其为基础的色彩组织系统。其最大的特点是将色彩的三属性关系，综合成色相与色调两种观念来构成色调系列。从色调的观念出发，平面展示了每一个色相的明度关系和纯度关系，从每一个色相在色调系列中的位置，明确地分析出色相的明度、纯度的成分含量。

2. 孟塞尔（Munsell）颜色系统

孟塞尔（Munsell）颜色系统在 1898 年由美国艺术家 A·Munsell 发明，是另一种常用的颜色测量系统。Munsell 目的在于创建一种"描述色彩的合理方法"，采用的十进位计数法比颜色命名法优越。1905 年他出版了一本颜色数标法的书，已多次再版，被当作比色法的标准。

孟塞尔系统模型为一球体，在赤道上是一条色带。球体轴的明度为中性灰，北极为白色，南极为黑色。从球体轴向水平方向延伸出来不同级别明度的变化，从中性灰到完全饱和。用这三个因素判定颜色，可以全方位定义千百种色彩。孟塞尔把这三个因素（或称品质）命名为色调、明度和色度。

3. 奥斯特瓦德（Ostwald）色立体

奥斯特瓦德（Ostwald）色立体是以赫林的生理四原色——黄（Yellow）、蓝（Ultramarine-blue）、红（Red）、绿（Sea-green）为基础，将四色分别放在圆周的四个等分点上，成为两组补色对。然后再在两色中间依次增加橙（Orange）、蓝绿（Turquoise）、紫（Purple）、黄绿（Leaf-green）4 色相，总共 8 色相，然后每一色相再分为 3 色相，成为 24 色相的色相环。色相顺序顺时针为黄、橙、红、紫、蓝、蓝绿、绿、黄绿。取色相环上相对的两色在回旋板上回旋成为灰色，所以相对的两色为互补色。并把 24 色相的同色相三角形按色环的顺序排列成为一个复圆锥体，这就是奥斯特瓦德色立体。

学习单元 2　新　娘　妆

【学习目标】
1. 掌握新娘妆的妆面特点、化妆方法及操作要求。
2. 掌握不同新娘妆的设计要素。

【知识要求】

一、新娘妆

1. 新娘妆的妆面特点

新娘是整个婚礼中最受瞩目的焦点，因此，新娘化妆就有别于一般普通化妆，显得格外慎重。不仅注重发型、肤色的修饰，化妆的整体表现尤其要自然、高雅、喜气，而且要使妆效持久、不脱落。

新娘的装扮要注重整体美感的呈现，发型、化妆、配饰、礼服、头纱、捧花、个人的仪态、气质均必须精心雕饰。

化妆风格包括娴静端庄、甜美可人、时尚典雅、艳丽喜庆等。

2. 新娘妆的化妆步骤（见表8—3）

表8—3 新娘妆的化妆步骤

化妆步骤	图解
步骤一　面部清洁 根据新娘的肤质情况选择相应的洁面产品，彻底清洁面部皮肤	
步骤二　面部保养 保养分为日常保养和特殊保养。日常保养是在日常清洁后所做的保养，包括涂抹爽肤水、涂抹精华、涂抹面霜素等步骤，通过日常保养可以使皮肤长期保持良好状态，更容易上妆。特殊保养是指根据肤质特点和临时需要所做的保养，如晒后修复保养、补水面膜保养、祛痘面膜保养等，可以快速解决面部皮肤问题和提升皮肤状态，取得更好的上妆效果。新娘可在婚礼前3个月订制一套面部和身体护理项目，让自己在婚礼上呈现最完美的状态	
步骤三　修眉 在皮肤清洁和保养之后，对新娘的眉毛进行修剪。修眉前要观察眉毛的形状、走势、疏密等情况，根据新娘脸形和妆面需求设计眉形。确定眉形后，用眉刀、眉剪和镊子对新娘的眉毛进行修剪，并清理眉毛	
步骤四　修饰肤色 根据新娘的肤色特点选择具有修饰肤色功能的修颜液；如果新娘肤色泛黄，选用紫色的修颜液；如果新娘双颊泛红，选择绿色的修颜液；如果新娘肤色偏白、缺乏血色，选择粉色的修颜液	

化妆步骤	图解
步骤五　底妆 选择接近肤色的粉底液或湿粉膏涂抹面颊部位，选择深一号粉底涂抹外轮廓部位，选择浅一号粉底涂抹 T 区和下巴颏，塑造立体的面部结构	
步骤六　定妆 选用与底妆颜色相同或透明色散粉定妆	
步骤七　画眼影 选择浅色眼影在上眼睑处涂抹均匀，增加眼睛神采，选择较深色眼影修饰眼形。粉色、淡红色、黄色、浅绿色、橙色等颜色的眼影都可以用于新娘妆	
步骤八　画眼线 让新娘眼睛注视自己的鼻子，用手提起新娘的上眼皮，紧贴睫毛根部描画眼线。新娘的眼线要清晰明确，以便为新娘的婚礼添彩	
步骤九　修饰睫毛 用睫毛夹把睫毛夹卷曲，然后涂抹睫毛膏，让睫毛延长、浓密、卷翘，粘贴具有自然效果的假睫毛，塑造妩媚动人的眼妆	

续表

化妆步骤	图解
步骤十　画眉 　　根据整体妆容的风格和眼妆的范围设计眉形并描绘眉毛，新娘的眉毛要疏落有致、自然舒展	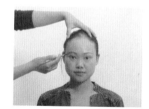
步骤十一　涂抹腮红 　　根据新娘的服饰颜色选择腮红的颜色，淡粉色和浅橙色都是适合婚礼的颜色，可以体现新娘幸福甜蜜的心情。根据新娘的脸形设计腮红，腮红的涂抹要两侧对称	
步骤十二　修容 　　根据新娘的脸形设计修容，通过修容调整化妆对象脸形。在颧骨下、鼻梁两侧及其他需要缩小的区域涂阴影色，在T区、C区和下巴颏处刷高光色，塑造立体的脸形。修容用色要遵循少量多次的原则，涂抹要慎重，既要达到塑形效果，又要保持新娘妆面洁净	
步骤十三　唇妆 　　用唇线笔勾勒唇形，用口红涂满整个唇线范围，涂抹要均匀，完全遮盖原本的嘴唇。朱红色、大红色和玫红色的口红都适合新娘妆使用，可突出喜庆的氛围；淡粉色和橙色可以用来表现新娘甜美的气质	
步骤十四　检查妆面 　　对整体妆面进行全面检查，如果有需要修补的地方，及时清理、修补	

续表

化妆步骤	图解
步骤十五　彩妆完成——定妆 　检查后的妆面用散粉进行最后定妆，可以让妆面在婚礼中保持更长久	
步骤十六　整理工作 　完成妆面后，梳理发型，佩戴相应的饰品，整理新娘礼服，完成全部工作	

再经过服饰造型后完成新娘妆（见图8—17）。

3. 新娘妆的操作要求

（1）净面与保养。良好的面部肌肤状态是妆容完美的保障，根据肤质选择不同的日常清洁和保养方法，让皮肤处于水润状态，减少面部不适症状，可以提升妆容服帖感。对于细纹、痘痕、黑眼圈等皮肤问题要做好应急处理，如敷面膜、消炎或冰敷等。

图8—17　新娘妆

（2）底妆。根据肤色挑选修容粉颜色，若肤色偏黑，应先涂一层近于肤色的底色；若肤色偏红，可先涂一层淡绿色的底霜，再用偏深的暖色调粉底，如黄色系，与中国人的肤色相符。

（3）高光色及阴影色。新娘妆要求五官立体、轮廓鲜明，可以运用高光和阴影色达到塑造理想面部轮廓的目的。高光色用比基础底色浅的粉底，涂抹在需要鼓突的部位，如鼻梁、下眼睑、前额等。阴影色由外向内、由深至浅地均匀涂抹，用在下颌角、颧骨下、鼻两侧等需要后退和掩饰的部位。

（4）定妆。用粉扑将定妆粉轻轻按压在妆面上，定妆粉最好与基础底色为同一色系或无色透明，然后用刷子掸去多余的散粉。

（5）眉毛。新娘的妆面要求眉清目朗，画眉步骤很关键，眉形以标准眉形为主，

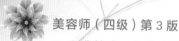
契合新娘的气质。眉色不宜过浓，避免生硬。

（6）眼部。用黑色眼线膏或眼线液描画眼线，填充在睫毛线内，眼影可以选用粉色、橙色、绿色、淡金色等浪漫喜庆的颜色，用来烘托婚礼的氛围。

（7）腮红。腮红可以根据眼影颜色选择，如橙色或者粉色。

（8）嘴唇。唇型自然，色彩与腮红相协调，可以选用朱红色、玫红色或大红色，也可采用双色涂抹方法，使嘴唇更具立体感。

（9）面妆与身体的衔接。在脖颈及身体裸露部分，用海绵涂上比基础底色略深一度的色彩，再扑上定妆粉，使面部与颈部的妆色和谐一致。

二、新娘妆的分类

新娘在迎亲、婚礼现场、外景地和纪念相册拍摄时都需要化妆，不同场合的新娘妆侧重点不同，要求和表现手法也有差异（见表8—4）。

表8—4　　　　　　　　　　　　　　　新娘妆的分类

场合	化妆和造型要点
迎亲	婚礼当天是从迎亲开始的，不同地方迎亲的风俗存在一定的差异，但基本都是喜庆、讨彩头的活动。此环节新娘的妆面和造型设计要考虑到便于新娘活动，又能体现个人特质，不易脱妆。例如，婚纱应选择轻便型，不宜选择长拖尾款式；发型不宜过于隆重、夸张；妆面应该清透自然
婚礼外景地	外景新娘妆应选择自然清雅的颜色，可以适当考虑当季的流行趋势。外景拍摄多使用数码摄像机和照相机，新娘肤色不要偏差过大，选择剔透有光泽的粉底

续表

场合	化妆和造型要点
 婚礼现场	在婚礼现场，新娘要迎宾和参加婚礼仪式，妆容要体现自然、高雅、喜庆，妆效要持久。新娘造型要顾及发型、妆面、配饰、礼服、头纱、捧花、个人仪态、气质等，以凸显新娘个人魅力和整体美感
 婚宴	新娘在婚宴中会选择 2～3 套礼服进行造型变化，妆面、发型和饰品搭配要与礼服相适应，化妆的色彩选择要根据服装的主色、点缀色，或考虑婚宴主题、新娘气质等诸多因素，总体原则以烘托喜庆气氛为主
结婚纪念册拍摄	摄影新娘妆与婚庆新娘妆区别在于，摄影新娘妆是在专业灯光下和专业镜头前创造艺术画面，目的是用来欣赏，妆容更加突出艺术修饰。由于在摄影棚里有阴暗面，所以五官轮廓要塑造得清晰立体，在妆容上要注意柔和感

学习单元3　面部的矫正化妆

【学习目标】

1. 掌握面部比例失调的矫正化妆。

2. 掌握眉形、眼形及唇形的矫正化妆方法。

【知识要求】

一、面部比例失调的矫正化妆

1. 圆形脸

由外轮廓向内轮廓由深至浅打上阴影色，加重颧骨凹陷处的阴影色，塑造脸部立体感，鼻侧与眼睑沟阴影加深，鼻梁加提亮色，使鼻子挺立，下颏部也可加些提亮色，使脸形有延长的感觉，腮红应加大斜度进行匀染。

2. 窄长形脸

在发迹边缘与下颏用阴影色，与基础底色自然过渡，使脸形产生略短的感觉，腮红应横向晕染，眼睛之间与眉之间修饰时，可以使其适当横向拉长。

3. 上部较宽的脸

化妆时可以用较深的粉底修饰额头两侧和发迹边缘部分，额头用略浅粉底，在额头打上高光色，两种粉底之间自然过渡。

4. 中部较宽的脸

化妆时从侧发迹到颧骨处打阴影色，腮红掠过颧骨的高点，向下略深，收缩颧骨的突出感，颧骨上的高光部缩小，切忌在颧骨下凹陷处涂腮红，否则会适得其反。

5. 下部较宽的脸

化妆时在下颌角处打阴影色，提亮中部，使下颌宽度收敛，达到下颏突出的效果。

6. 下颏较突尖

化妆时在突出部打上阴影色，在下巴及嘴角衔接处提亮。

7. 下颏较平坦

化妆时下唇及下颏最下方用阴影色，两者之间打些高光色，并与阴影色柔和晕染。

8. 双下巴

在脸下部从脸颊向下巴涂阴影色，直到与颈部交界处，并与基础底色晕染。

二、眉形、眼形及唇形的矫正化妆

1. 向心眉的矫正化妆

向心眉是指两眉之间距离过近，甚至可以连成一条直线。矫正向心眉首先要剃除眉头多余的眉毛，使眉头不超过内眼角的垂线。画眉的时候，眉头颜色要浅，用眉刷轻轻带过少许颜色即可，浅淡的颜色可以使眉毛的重心后移，在视觉上改善眉毛过近的缺陷。

2. 离心眉的矫正化妆

离心眉是指两眉之间距离过远。矫正离心眉首先在确定眉毛整体形状和走势后，反向延伸眉头，让眉头达到内眼角的垂线上。画眉的时候，眉头颜色相对要浅，宽度较宽，形状较为松散，使整条眉毛中心在瞳孔正上方，看起来更自然。

3. 吊眉的矫正化妆

吊眉是指眉头位置低于眉尾位置，两眉呈"倒八字形"。画眉时要把握眉的轮廓，在眉头上端加补眉毛，眉的后半部向下加补，用眉粉刷出自然干练的眉毛。

4. 下垂眉的矫正化妆

下垂眉是指眉头位置高于眉峰位置，两眉呈"八字形"。画眉的时候首先用眉笔描出矫正后的眉形轮廓，原有眉头向下画出新眉头，眉峰与眉梢稍向上画，然后用眉粉按轮廓刷出眉形，边缘部分要柔和自然。

5. 短粗眉的矫正化妆

剃掉多余的宽度，用眉笔延长出短缺的眉毛。

6. 眉形散乱的矫正化妆

根据脸形、眼形、气质等，可以设计出适合的眉形，用眉笔画出眉毛的轮廓，用眉夹拔去轮廓外多余的眉毛。

7. 眉形残缺的矫正化妆

用眉笔补充画出眉形，一根根描出眉毛或用眉粉轻刷填补在眉形空缺中，多余的眉毛用眉夹去除。

8. 向心形眼的矫正化妆

向心眼是指两眼之间的距离过近，小于一只眼睛的长度。描画眼线时要向外眼角延长描画，尽可能自然，向内眼角描画到 1/2 处。眼影向外眼角延伸，眼窝及鼻侧阴影色略窄，若两眼偏近鼻侧影只需画鼻梁两侧即可。

9. 离心形眼的矫正化妆

离心眼是指两眼之间的距离过远，大于一只眼睛的长度。描画眼线时要向内眼角描画，特殊情况可向外画出一些，不能向外眼角画。眼影也不能向外眼角晕染，眼窝及鼻侧的阴影色可以向内眼角适当加宽。

10. 吊眼的矫正化妆

描画内眼角眼线时上眼线略粗，向外眼角逐渐变细，外眼角的下眼线适当加粗，画至 2/3 处，但线条不能是粗实线，而应在边缘部分较淡，这样比较自然，眼影平行晕染。

11. 下垂眼的矫正化妆

描画眼线时上眼线的外眼角着笔要略高于实际眼角，逐渐向内眼角描画，在 1/2 处消失，下眼线的内眼角略微向下弯。眼影在外眼角向斜上方晕染，在内眼角下方稍加浅棕色眼影。

12. 细长眼形的矫正化妆

在瞳孔上方描画粗眼线，接近内外眼角处的眼线逐渐变细。眼影范围限制在内外眼角之间，不要外延，形状可以接近半圆。

13. 小眼睛的矫正化妆

眼影在外眼角向外，拉长晕染，内眼角下部可以向鼻梁处稍加晕染。

14. 圆眼形的矫正化妆

画眼线时向外眼角外侧延伸，在眼尾处加粗。深色眼影在外眼角处向外侧晕染，以拉长眼形。

15. 肿眼睛的矫正化妆

在眼睑处扫上浅啡色眼影色，遮掩浮肿的上眼睑，在眉尾下的眉骨处用浅白色或浅米色眼影做提亮处理，凸显眉骨的隆起，深浅亮色可以矫正浮肿的眼睑。

16. 眼袋浮出的矫正化妆

在眼袋下方涂浅色遮瑕膏，通过亮色反光的视觉效果，遮盖突起的眼袋。

17. 唇形平直的矫正化妆

用粉底遮盖原有唇线，用唇线笔描绘饱满的唇峰和下唇，用口红涂满唇线内部，浅色、光亮的口红或唇彩可以增加嘴唇的体积感。

18. 嘴唇过厚的矫正化妆

用粉底遮盖原有唇线，在原唇型的内侧，用比口红色略浅的唇线笔画出新唇型，再用口红与唇线相接，口红不宜选择过浅、光亮或带荧光的色彩，这样会增加嘴唇的体积感。

19. 嘴唇过薄的矫正化妆

用比口红色略深的唇线笔在原嘴唇外画出相应的唇型，再涂抹口红，可以在唇内侧用稍浅的颜色塑造丰满的唇形。

20. 嘴角下垂的矫正化妆

用粉底涂抹嘴唇边缘后，用唇线笔画出新唇线，上唇线略呈平缓，下唇线在嘴角部分略微上扬，适当提高嘴角的位置，涂抹口红时嘴角的颜色略深，起到收敛作用。

学习单元 4　发 式 造 型

【学习目标】

1. 熟悉毛发的流向、色调与脸形的协调。

2. 熟悉基本发式造型。

3. 了解假发的梳理与佩戴。

【知识要求】

一、毛发的流向、色调与脸形的协调

1. 头发的结构

人体的毛发分为长毛、短毛、毳毛等。头发属于长毛的范围，长毛常在 1 cm 以上，且较粗硬，色泽浓。头发的数量有 10 万～15 万根，头皮面积约 600 cm²，每 1 cm² 约有 200 根头发。头发的直径约 0.08 mm，欧美人头发直径约 0.05 mm，特细发直径为 0.04～0.06 mm，特点是烫成发型不易保持，显微镜下观察可见头发表皮粗疏；特粗发直径为 0.09～0.1 mm，特点是不易梳顺打理，但发型易保持，显微镜下观察可见头发表皮致密。头发含水率为 11%～16%，易受温度的影响，受伤害的头发含水率变化较大。

2. 头发的生长规律

头发的生长周期分为三个阶段，即生长期、休止期和脱落期。头发的生长期为3～7年，甚至有达25年者，休止期为3～4个月。头发的生长速度不一致，并受季节、年龄等因素的影响。头发的生长速度为每天0.27～0.4 cm，平均每月生长1～2 cm，每年生长15 cm。头发的生长受神经及内分泌系统的控制及调节，特别受内分泌的影响较明显。头发平均每天脱落50～100根，约占头发总数的0.1%。

头发的形状有直发、波状发和卷缩发。黄种人多为直发，毛发直而不卷，其断面呈圆形；白种人多为波状毛，其断面呈卵圆形；黑种人毛发细短、卷曲。

3. 毛发的流向

毛发流向是指头发的生长方向，了解毛发流向主要用于定位刘海的朝向。一般来说，顺着头发流向梳理刘海会十分顺服，反之则会蓬松。

4. 毛发的色调

头发的色泽有黑、褐、黄、红、白等色。头发含有黑色素和铁，能影响头发的颜色。含黑色素多时，发色为黑色，少为灰色，无则为白色，含铁色素发色则为红色。

营养与头发有密切的关系，低脂或无脂食物可引起脱发，使头发颜色变淡；维生素A缺乏可使头发稀少；维生素B可使毛发有光泽；缺铜可产生灰发；缺铁头发则变褐色。

二、基本发式造型

发型设计是一门综合艺术，一个设计成功的发型应该能够将设计对象的头部、脸部优点显露出来，将缺点遮盖起来。设计优秀的发型可使个人增加自信，让他人耳目一新，既有实用价值，又有审美情趣。影响发型设计的因素主要有头型、脸形、五官、身材、年龄等。此外，职业、肤色、着装、个性爱好、季节、发质、适用性和时代性也会影响发型设计。

1. 发型设计的方法

（1）直发造型。直发类发型是指没有经过电烫，保持原来自然状态的直头发，经过修剪和梳理后形成的各种发型。

中分的内弯刘海能完美修饰脸部，恰当的发色能够凸显清纯又不失女人味的气质。

平整的齐刘海、及肩的中长发、内弯的发尾能够展现出乖乖女的可爱气质。

短短的、细碎的薄刘海搭配直直的短发，并把两侧的发丝拨开夹到耳后能够展现出成功女性的干练气质。

（2）卷发造型。中分的大波浪长卷发可以完美修饰脸形，少许的蓬松凌乱可以凸显妖媚动人、成熟性感的女人魅力。

大波浪卷长发搭配细碎的刘海可以突出女性妖媚与可爱的气质。

微卷的发尾、厚重的平刘海、随意感十足的发丝、齐肩的短发能够体现带有女人味的清纯气质。

波浪卷中发、中分的弯刘海、低调的发色可以凸显女性贤淑的气质。

短款的梨花头、直直的发丝、发尾内弯、平整的刘海可以显示出甜美的女人味。

（3）束发类发型。根据不同的操作方法和造型，这类发型分为发辫、发髻、扎结等，用以表现出女性干练、利落、别致的形象或雍容华丽的造型。

2. 发型设计的要素

为顾客设计发型的时候，发型师需要清楚了解发型设计要素，做出让顾客满意的发型。构成发型设计的要素有以下几种：

（1）轮廓。指发型轮廓的形状。在剪发时轮廓分为较为不规则的轮廓和规则轮廓、外轮廓（也称为长度轮廓）和内轮廓（也称为层次轮廓）。若轮廓是前倾式，前长后短的线条会给人利落的感觉，并赋予造型向前的动感；若轮廓是后倾式，前短后长的线条会给人柔美的感觉，并赋予造型向后的动感。

（2）长度。指头发的长短。整体或各个区块、各个重点部位的发长的构成是发型设计的基础。发长较长时，比较容易表现出平顺感，量感也会变得较重；发长较短时，比较容易根据头型表现出圆弧感，量感也会变得较轻。

（3）层次。层次可分为两大类，即不规则层次与规则层次。而规则层次又分为五种：无层次容易表现出平顺感，量感也会较重；内层次表现出发型的内弯，量感较重；等长层次会让造型呈现圆弧形，量感会根据头型而表现；低层次容易使横向宽幅变大，所以体现出静态且量感也较重；高层次容易表现出纵长线条，整体呈现动态且量感较轻。

（4）厚度。发型厚度主要是指发型外层次的厚薄，与量感控制有关，而量感又与高、低层次有关。根据头型把发束向上拉起，容易表现出高层次的线条，显得轻盈；依头型把发束向下拉，容易变成低层次的线条而显得厚重有分量。

（5）质感。在视觉上与头发的光泽有关，不同层次表现出来的质感也不同。高层次表面头发较短时，属于立体呈现，不一定表现出光泽感；低层次表面头发较长，属于平面呈现，比较容易表现出光泽感。对于量感的调整，调整程度小的造型容易呈现出发丝的光泽感，调整程度较大的造型不容易表现出光泽感。

（6）花纹走向（跃动感）。头发会有从短的地方往长的地方移动的特性。量感较重的造型不容易表现出花纹的跃动感，量感较轻的造型比较容易表现出花纹的跃动感。

3. 脸形、头型与发型设计

发型是构成仪容的重要部分，恰当的发型会使人容光焕发、充满朝气。选择发型应该适合自己的脸形、身材、气质等。

（1）发型与脸形。发型与脸形的配合十分重要，发型和脸形如果搭配恰当，可以表现个人的性格、气质，而且使人更具有魅力。常见脸形有七种，即椭圆形、圆形、长方形、方形、正三角形、倒三角形及菱形。

1）椭圆脸形。这是一种比较标准的脸形，可以适合很多发型，效果都很和谐。

2）圆脸形。圆圆的脸给人以温柔可爱的感觉，能适合较多的发型，只需稍修饰一下两侧头发使之向前，不宜做太短的发型。发型应尽量打造出椭圆形脸。额前的头发应该稍高，不要让过长、过齐的刘海遮住前额，两边的头发应服帖。

3）长方脸形。避免把脸部全部露出，刘海做　排，尽量使两边头发有蓬松感，不宜留长直发，如长蘑菇发型、学生发型等，选择发型时应加重脸形的横向。刘海一定不要向上梳，可以适当地掩盖前额，年轻女性可留齐刘海。

4）方脸形。方脸形缺乏柔和感，做发型时应注意这点，可留长一点的发型，如长碎发或长毛边，不宜留短发。应该削去棱角，使脸形趋于圆润，可以将方阔的额头用头发遮住，两侧的头发可以稍长一些，并且可以烫一下，以曲线美掩盖方脸形所缺欠的柔美。

5）正三角脸形。刘海可削为薄薄一层而垂下，最好剪成齐眉的长度，使额头隐约可见，用较多的头发修饰腮部，如学生发型、齐肩发型，不宜留长直发。发型应尽可能增加额头两侧的厚度，采用侧分，使头发掩盖尖窄的额头，头发不要向后背梳。

6）倒三角脸形。做发型时，重点注意额头及下巴，刘海可以做齐一排，头发长度以超过下巴2 cm为宜，并向内卷曲，增加下巴的宽度。发型应尽可能隐藏过宽的额头，增加脸下部的丰满度。

7）菱形脸形。这种脸形颧骨高而宽，做发型时重点考虑颧骨突出的地方，用头发修饰前脸颊，把额头头发做蓬松，拉宽额头发量，如毛边发型、短碎发等。

（2）发型与头型。人的头型可以分为大、小、长、尖、圆等几种。

1）头型大。头型大的人不宜烫发，最好剪成中长或长直发，也可以剪出层次，刘海不宜梳得太高，最好能盖住一部分前额。

2）头型小。头发要做得蓬松一些，长发最好烫成蓬松的大花，但头发不宜留得过长。

3）头型长。由于头型较长，故两边头发应吹蓬松，头顶部不要吹得过高，应使发型横向发展。

4）头型尖。头型的上部窄、下部宽，不宜剪平头，应剪短发烫卷，顶部要压平点，两侧头发向后吹成卷曲状，使头型呈现出椭圆形。

5）头型圆。刘海处可以吹得高一点，两侧头发向前面吹，不要遮住面部。

4. 身材与发型设计

（1）瘦长体型。身材瘦长的人多数脸形也是瘦长的，颈部较长，应采用两侧蓬松、横向发展的发型，适当地加强发型的装饰性，或在两侧进行卷烫，对于清瘦的身材有一定的协调作用，能显得活泼而有生气，如大波浪。

（2）肥胖体型。一般颈部较短，整体的发式要向上伸展，露出脖子以增加一定的视觉身高，头发不宜留长，最好采用略长的短发式样，两鬓要服帖，后发际线应修剪得略尖。不宜留长波浪发、长直发，应选择有层次的短发和前额翻翘式发型。

（3）短小体型。适合留短发，给人以干练、精神的印象。如留长发，则应在头顶部扎马尾或梳成发髻，尽可能把重心向上移。

（4）高大体型。不宜留短发，根据个人脸形及嗜好选择中长发。

（5）溜肩体型。这是现代女性不喜欢的身材，发型设计时要弥补这方面的不足，发型要在肩颈部周围形成丰盈的发量，不宜留短发。

5. 性格、气质与发型设计

性格温柔、浪漫的人适合选择柔顺、飘逸的长发造型，如长直发或长卷发。

性格干练、严肃的人适合选择利落的短发造型。如果留长发，应选择梳理光洁的束发或盘发造型。

知性气质的人适合选择飘逸的长直发，或者简单地挽一个发髻。

性格活泼、喜爱运动的人适合选择短发，或者梳一个马尾及麻花辫。

可爱气质的女生常常选择盘丸子头，梳侧马尾、双侧马尾或麻花辫等。

6. 场合、氛围与发型设计

发型可以反映一个人的精神面貌和心理状态，应该随所处的场合而变化。在喜庆的场合，如出席婚礼、舞会或宴会时，发型可以做得华丽多姿，还可以加些首饰，如耳环、项链、漂亮的发带、发卡等，再配以得体而时髦的服装，不但可以增加喜庆的气氛，同时也能给人以美的享受。在严肃的场合，如参加追悼会或悼念活动、扫墓活动等，发型就要尽量避免过于花哨，否则会冲淡庄严肃穆的气氛，并给人一种轻浮感，这时的发型要求庄重、大方、朴素。外出游玩时，特别是春游、秋游，发型就要随意一些，以方便活动，避免选择过于拘谨、板正的发型。日常生活中，发型要简单，做到整齐、美观、大方即可，过于复杂的发型梳理费时，不宜选用。

三、假发的梳理与佩戴

1. 假发的梳理

（1）梳理动作。假发套在使用前应先梳理好，戴上假发套后稍稍加以整理即可。梳理假发应选用比较稀疏的梳子，采用斜侧梳理的方法，不可直梳，而且动作一定要轻。

（2）假发固定。为了防止大风把假发套吹跑，有些人喜欢用发夹夹住假发。但是，夹发不可过于用力，否则容易勾坏假发的网套。因此最好不要使用发夹，可使用装饰性发带把假发固定住。

（3）洗涤保存。经常戴的发套一般半个月洗涤一次为宜。在洗涤前，先用梳子把假发梳理好，再用稀释的护发素溶液边洗边梳理。不能用双手搓拧假发，更不能把假发泡在洗涤液里洗，应用双手轻轻地顺发丝方向漂净上面的泡沫，然后在避光处晾干，切忌在阳光下暴晒。清洁后的假发要放在通风处保存，保持清洁卫生，防止发霉。

（4）梳理工具。梳理假发需要用专门用于假发的钢梳，不能用塑料材质的梳子。

2. 假发的佩戴

（1）超自然假发片打理步骤

步骤一：将头发分成上下两层，分线要清楚。

步骤二：使用双手先扣紧发片两侧。

步骤三：单手扣紧中间的发片夹。

步骤四：将上层头发下方调整均匀。

（2）自然马尾假发打理步骤

步骤一：将顶部区域扭转并使用小发夹固定。

步骤二：将假马尾扣进顶部区夹起处底部。

步骤三：将交接的地方用梳子刮蓬，让马尾更自然。

步骤四：左右交错修饰交接处，使用镜子调整到最佳位置。

（3）平刘海假发打理步骤

步骤一：将两侧刘海梳扁平，再使用小黑夹固定。

步骤二：将假发固定在顶部中心点位置。

步骤三：固定后，将自己的头发与假发用梳子梳平整。

（4）圆弧形平刘海假发打理步骤

步骤一：先将两侧梳平整。

步骤二：扣上假刘海。

步骤三：使用梳子将假刘海与真发融合。

步骤四：照镜子调整。

（5）整顶假发戴法

步骤一：把头发套网戴上，先戴到颈部，再往上拉。

步骤二：将套网往后拉高，检查是否覆盖四周发际线。

步骤三：戴上假发，双手抓紧两侧，往下套进头。

步骤四：压紧并照镜子，检查是否有高低不平衡处。

相关链接

1. 头发的分类

1）正常的头发。皮脂分泌正常，有光泽，有弹性。

2）油脂性头发。皮脂分泌过多，头的表皮及毛发均有黏糊感。

3）干性头发。由于皮脂分泌过少，没有光泽，有干松感。

头发的性质与皮肤的性质相同，面部皮脂属于干性的人，头发也是干性的。

2. 头发与膳食营养

头发所需的主要营养成分来自日常膳食营养，有利于头发生长和养护的营养多来源于绿色蔬菜、薯类、豆类和海藻类等。绿色蔬菜如菠菜、韭菜、芹菜、圆辣椒、绿芦笋等，绿色蔬菜能美化皮肤，有助于黑色素的运动，使头发永葆黑色。大豆能起到增加头发的光泽、弹力和滑润等作用，防止分叉或断裂。海藻类的海菜、海带、裙带菜等含有丰富的钙、钾、碘等物质，能促进脑神经细胞的新陈代谢，还可预防白发。

糕点、快餐食品、碳酸饮料、冰淇淋大都是年轻女性所喜爱的食品，如果饮食过量，都能影响头发的正常生长，容易出现分叉或白发。吸烟过多也会影响头发的生长。心绪不宁或住在潮冷的房间里，以及神经性的紧张、不安，均会影响毛发的正常生长。长期在潮湿过凉的房间里工作的人由于胃肠受凉，造成新陈代谢不良，使血液循环受阻，因此，容易出现头发变细、头皮增多、掉发断发等现象，特别是头顶的头发会越来越稀薄。

第9章

美容院常用英语

学习单元 1　化妆品名称及术语

【学习目标】
熟悉常用化妆品名称及术语。

【知识要求】

一、常用化妆品名称

base makeup	底妆	mascara	睫毛膏
powder	粉饼	eye liner	眼线笔
eyebrow pencil	眉笔	eye shadow	眼影
lip gloss	唇彩	shading powder	修容饼
lip stick	唇膏	loose powder	散粉
lip protector	润唇膏	brow powder	眉粉
lip liner pencil	唇线笔	blusher	腮红

二、常用化妆术语

makeup	化妆	green	绿色
facial anatomy	面部结构	facial tissue	纸巾
structural makeup artistry	结构画法	oil-absorbing sheets	吸油纸

three vestibules & five eyes	三庭五眼	cotton swab	棉签
glow	高光色	oval face shape	椭圆形脸
shade	阴影色	oblong face shape	长形脸
set makeup	定妆	round face shape	圆形脸
remove makeup	卸妆	square face shape	方形脸
makeup chair	化妆椅	diamond face shape	菱形脸
makeup mirror	化妆镜	heart face shape	心形脸
color	颜色	triangular face shape	三角形脸
red	红色	bride	新娘
orange	橘红色	combination skin	混合性皮肤
rose	玫瑰色	dry skin	干性皮肤
brown	咖啡色	normal skin	中性皮肤
yellow	黄色	oily skin	油性皮肤
blue	蓝色	sensitive skin	敏感性皮肤
skin-color	肉色	freckled skin	有雀斑的皮肤
black	黑色	wrinkled skin	有皱纹的皮肤
white	白色		

学习单元 2　服务项目和相关的接待用语

【学习目标】

1. 掌握服务项目的英语名称。
2. 熟悉与服务项目有关的接待用语。

【知识要求】

一、服务项目名称

mechanic epilation	物理脱毛	course treatment	疗程
chemical epilation	化学脱毛	consult	咨询
permanent epilation	永久性脱毛	appointment	预约
temporary epilation	暂时性脱毛	mask	面膜
massage technique	按摩手法	seaweed mask	海藻面膜
skin analysis	皮肤分析	freezing mask	冷膜
cleaning face	洁面	hotting mask	热膜
deep cleaning	深层清洁	eye cream	眼霜
surface cleaning	表层清洁	eye gel	眼部啫喱
cooling skin	爽肤	day cream	日霜
exfoliate	去角质	night cream	晚霜
supersonic machine	超声波美容仪	eye makeup removing	眼部卸妆
Ao sang steam engine	奥桑蒸汽机	massage	按摩
high frequency electrotherapy apparatus	高频电疗机	perfume	香水
magnifying lamp	美容放大镜	skin milk	乳液
skin-analysis apparatus	皮肤测试仪	toner	爽肤水
breast strengthening apparatus	健胸仪	firming lotion	紧肤水
weight reducing apparatus	减肥仪	essence	精华素

二、与服务项目有关的接待用语

1. Do you want a face massage?

   您想要做面部按摩吗?

2. Facial massage can relax your retired skin and flesh.

面部按摩可以消除您肌肤的疲劳。

3. My skin looks so dull, so I need to have a facial to relax a little.

我的肤色看起来好暗淡，我需要去做个脸部护理。

4. Must I clean my face before doing the steam?

蒸脸前我一定要做面部清洁吗？

5. You should use sun protection cream everyday.

您应该每天用防晒霜。

6. This kind of mask can get rid of the filth and grease.

这种面膜可以去除油污。

7. How long does this treatment take?

这个疗程要用多少时间？

8. What are the ingredients in your cleaning mask?

你们这种清洁面膜的成分是什么？

9. This kind of exfoliator can remove dead skin from your face.

这种去角质剂可以去除您面部的老化角质。

10. What kind of skin do you have? Normal, oily or dry?

您属于哪种皮肤类型？中性的，油性的，还是干性的？

11. Which kind of production do you think suitable for me? Cleaning milk or cleaning gel?

你认为哪种产品适合我呢？洗面奶还是洁面膏？

12. I am very sensitive to fragrance, so I would like products of fragrance－free.

我对香味非常敏感，所以我想要用无香味的产品。

13. This treatment is too expensive. Don't you have any discounts?

这个疗程太贵了，你们没有折扣吗？

14. Could you give me a manicure? I like light nail－polish, please.

你能帮我修一下指甲吗？我喜欢浅色指甲油。

15. I want a lipstick, a mascara, and two shades of eye shadow. How much is it all together?

我要买一支唇膏、一支睫毛膏和两盒眼影，一起算一共是多少钱？

16. Do you have this lipstick in a little lighter shade?

这种口红有没有浅一点的颜色？

17. This color of peach rose has been very popular in this season.
桃红色是这个季节的流行色。

18. I think pink eye shadow is suitable for you. Do you want to have a try?
我认为粉色的眼影比较适合您，您要尝试一下吗？

19. I want to buy some cosmetics. How about the products of Elizabeth Arden?
我想买一些化妆品，你认为伊丽莎白雅顿的产品怎么样？

20. This foundation is oil-free. It also won't clog your pores.
这款粉底不含油分，也不会阻塞您的毛孔。

21. You should not use eye cream too greasy.
您不应该用太油腻的眼霜。

22. I heard that this anti－aging gel works really well. I'm interested in buying one bottle.
我听说这款抗衰老精华非常好用，我想买一瓶。

23. I'm bothered with the breakouts on my face now.
脸上的痘痘让我很烦恼。

24. My skin is sensitive, so I need do a "patch-test" before applying the products.
我的皮肤很敏感，在使用这些产品前我需要做一个"过敏反应测试"。

25. Is this moisture helpful to my wrinkles?
这款保湿霜能帮助消除皱纹吗？